U0218621

天津大学建筑教育八十华诞系列丛书·城乡规划系

天津大学建筑学院城乡规划快速设计作品选

天津大学城乡规划系编写组 编著

天津大学出版社
TIANJIN UNIVERSITY PRESS

序 PREFACE

陈天
CHEN Tian

作为中国建筑教育的一面旗帜，天津大学建筑学院已走过八十个春秋。在悠久的办学历史中，特别是自徐中先生于 20 世纪 50 年代担任天大建筑系主任以来，在前辈师生的共同努力之下，天大的建筑教育形成了自己独特的风格，经年累月铸就传统。恰如彭一刚院士总结的"注重学生基本功的训练，注意培养学生的方案构思能力、创新能力，保持谦虚谨慎的态度"，秉承"实事求是"校训，天大毕业生普遍工作踏实，业务精良，基本功扎实，设计实践能力强。历经数十载的努力，天大学子已在行业及社会中树立了良好的口碑。

天津大学建筑学院城乡规划专业的起步源自 20 世纪 60 年代，在建筑系开始设立城市规划专门化方向招收硕士研究生；1988 年开始正式招收城市规划专业本科生。1997 年天津大学建筑学院成立，城市规划系也同时成立；2011 年城乡规划学被批准为一级学科，由城市规划改称城乡规划学，自此城乡规划学成为建筑学院的 3 个一级学科之一，下设城乡规划本科、硕士和博士学位授予点。天津大学本科阶段的规划教育以培养城乡规划与建设领域领军型人才为己任，注重对学生综合能力的培养，为他们日后成为优秀的城乡规划工作者奠定坚实的基础。

天大城乡规划教育在专业人才培养的基础训练环节继承了天大建筑学院的优良传统，将手脑结合为基础的动手能力、特别是手绘能力视为专业培养的重要目标之一，在大学三、四年级课程设计板块开设了长周期的、以手绘为成果形式的课程设计作业，将徒手辅助草图设计贯穿于概念构思、分析讨论直至最终的成果表达中。其目的在于以手绘能力训练为手段，以前期的建筑设计基础、绘画基础及城市规划基本原理知识为依托，使课程设计结合所在城市的案例"假题真做，真刀实枪"，培养学生的综合设计能力、构思技巧及表现能力。

在数字技术大行其道、表达技巧异彩纷呈的今日，天大城乡规划专业依然坚持花费大量学时培养学生的手绘能力，固然有其传统影响之因，更因动手能力实为设计之根本。手绘设计包括概念草图、方案草图、子系统分析草图、局部推敲草图及成果表现手绘图等，是设计师通过手脑并用方式捕捉灵感、构思概念、推敲方案的重要手段。特别是在草图构思及推敲阶段，基于人瞬间的捕捉能力，手绘是其他表现工具，如实体模型、数字模型所不能替代的。手绘能力的培养更是一种职业素质的锤炼打磨，如同周恺先生所说的，"这是一种基本功的训练，同时也是磨砺性格、培养职业素质的重要过程。天大似乎在帮你变成一个比较职业化、有专业素养的建筑师，这有点像人们平时总说的'科班出身'。"

此次将近年部分天津大学城乡规划专业本科生的课程作业代表作品展示出来，为天大建筑 80 华诞献礼，更重要之目的在于铭记前辈开创的优良传统，昭示后辈以共勉。同时，此书亦可供兄弟院校学子交流之用，基于此，为保持设计课题的时代性，本次主要挑选近年来设计教学环节的优秀学生作业，包括 2010 级、2012 级和 2014 级城乡规划本科大三、大四学生的课程设计，设计周期为 6 ~ 8 周，其中大三阶段要求全程不能使用任何电脑辅助表达手段，自方案到最终成果均需以徒手绘画的形式呈现。

2017 年 8 月 19 日于天津大学

目录

2012级大三·城市主题公园设计案例

2014级大三·城市公园快速设计案例

SCHOOL OF ARCHITECTURE, TIANJIN UNIVERSITY

2010 级大三·主题公园设计案例

Chapter one

■ 基地概况　◢ CIRCUMSTANCE

基地 1：天津文化中心

天津文化中心位于天津市河西区，是天津市规模最大的公共文化设施。区域内文化设施包括天津自然博物馆、天津图书馆、天津博物馆、天津美术馆、天津大剧院、天津青少年活动中心、天津银河购物中心、生态岛等。其四至范围为友谊路以东、隆昌路以西、乐园道以南、平江道以北的整个区域，总占地面积约 90 公顷。本次设计改造目标是：以中央人工湖为核心，设计一座服务市民的休闲性主题公园，形成文化展示、交流、休闲、消费为一体的综合休闲中心。

基地 2：东丽湖小镇地区

东丽湖位于天津市东部，距市中心 24 千米，是天津市八大旅游景区和七大自然保护区之一，也是滨海新区旅游度假区域。东丽湖原是一个水库，后来辟为旅游区，以水面辽阔、地热丰富而著称。周边有天津欢乐谷、东丽湖温泉度假区等休闲设施和休闲度假区。本次设计选取东丽湖小镇非居住性用地作为规划基地，选址 30 公顷左右，建设特色鲜明的主题公园，进一步完善东丽湖旅游度假功能。

基地 3：曹庄花卉市场附近

天津市中北镇曹庄村，是全国闻名的"中国晚香玉之乡"，因其花卉质量上乘，价格低廉且经营品种丰富，销量辐射"三北地区"，被授予"全国重点花卉市场"等荣誉称号。花卉经济的长足发展催生了花卉旅游，目前有观光、休闲、科教、购物、娱乐五大功能区。本次设计选址于花卉市场附近地段，占地面积 39 公顷左右，，建设花卉相关主题公园，与花卉市场形成功能互补。

设计要求　DESIGN DEMAND

根据城市规划专业 2010 级三年级教学环节要求，进行城市中小型主题公园概念设计（快速设计练习）。

当代城市功能更趋复杂，城市生活节奏加快，人们对休闲娱乐空间的需求更高。城市主题公园是一种现代城市主题性休闲娱乐空间的主要载体。主题公园功能对象为城市市民，它使得大众获得高品质的户外及室内休闲娱乐空间，老少咸宜，表现出了一种当代独特的城市文化形式。

主题公园也是一种城市大众娱乐型消费的表现形式，其景点元素一般体现了所在城市的文化、历史、科技、民俗等主题。本设计要求同学通过相关讲座、案例分析、网络调研，了解当代主题公园规划布局的基本规律特征，包括外部周边城市环境、内部交通流线、各个功能分区、景点分类、辅助设施等。主题公园由于涉及的城市环境领域对象繁杂，规划往往包含了城市规划元素中的大多数，环境景观（道路、植被、水体、山丘）、建筑形式、构筑物、街具等形式多样，尺度差异大。主题公园的复杂性决定了其规划设计的难度，考验设计人的综合专业知识技能。

题目要求：各组同学在指导教师指导下，根据确定的三块规划设计基地建议，选择 20 ～ 30公顷规模的地形自行处理后进行设计。

规划设计条件　CONDITION

按照概念性详规深度完成总平面图，并完成功能分区、交通流线、景点分析、绿地水系等分析图以及局部地段的概念性透视图，以上主要设计图以手绘形式为主，机器为辅，墨线淡彩表达，不要求做纯电脑绘制图，总平面图比例 1:2 000 或 1:1 500（根据规划面积自定）。同时完成200 字左右主要设计说明，计算主要技术经济指标、交通、停车容量。容积率、绿地率、建筑密度、建筑限高、道路退线等需满足本地上位规划要求，计算本公园的游客容量。特殊类型控制规定：道路红线、绿化绿线、水体蓝线、历史保护紫线、轨道交通控制线、高压走廊等退线根据本地控规规定设置。

以土地混合使用为出发点，满足开发功能要求的同时应促进本区域的公共活力的激发，提供给城市游客安全舒适的交往环境；鼓励和促进使用绿色交通工具，以立体化、高效的手段实现公共交通的无缝衔接；注重街道空间活力的塑造，以亮点建筑、设施、开放空间提升本区域整体空间意象。设计应注重入口区域空间层次和感受。

成果要求　DEMAND

1. 主要图纸要求

规划总平面图：1/2 000，注明主要建筑的类型、层数。

局部重点区域透视或鸟瞰图（范围不限，能表达设计意图即可）。

分析图：功能布局、景点设施与景观系统、道路流线组织及水系绿化系统规划等（比例不限）。

200 ～ 300 字以内规划理念及主要说明，主要规划经济技术指标。

2. 表现方式

使用普通拷贝纸（硫酸纸或草图纸）徒手作图，图幅 1#。绘图表现工具不限。注意允许计算机辅助（建模）进行设计成果表现，并可将手绘图转成图片文件。

设计时间：五周。

城市中小型主题公园概念设计　选址

天津东丽湖地块 ▲

天津文化中心地块——中心湖 ▲

西青区曹庄子地块 ▲

城市中小型主题公园设计

刘俐伶

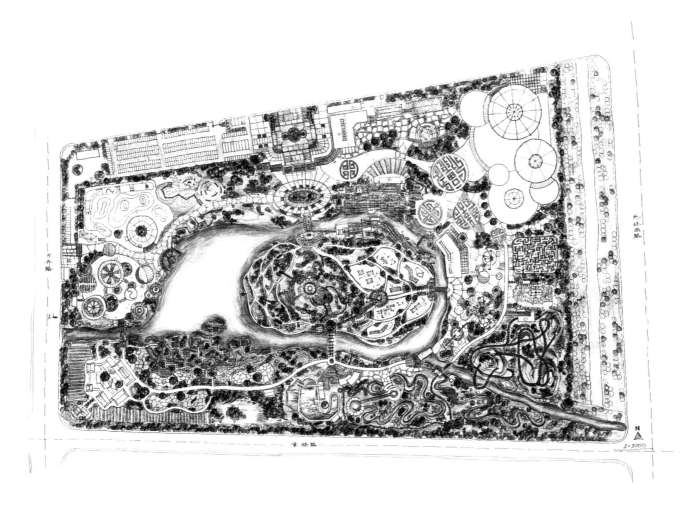

设计说明

选址范围，曹庄地块，东南西北分别以外环西路、津杨路、万卉路、热带植物观光园为边界。外部交通，主要考虑乘地铁到地铁站后乘电瓶车或步行到达主入口和自驾出行两种方式。目标人群，主要针对市内居民的周末家庭出游，以设计全家都能开心游玩的综合性公园为主要目标，努力兼顾老人、中青年和儿童的使用需求，同时兼顾周边居民平时的利用情况。预想收费方式为游客自由进入，游乐项目单独收费。基地利用，将基地内原有京杭运河拓宽，形成环状水系，引入运河沿线省市文化主题，如江南小镇、鱼米人家、梁山冒险（浙江、江苏、山东）等；保留原有花市功能，加入花卉展出、植物科普等内容，将原有温室重新整合，置于东北角。

经济技术指标

总规划面积	26.1 公顷
道路面积	1.0 公顷
绿地率	80 %
自行车位	177 个
小型汽车	273 个
大型汽车	9 个
游人容量	4 350 人

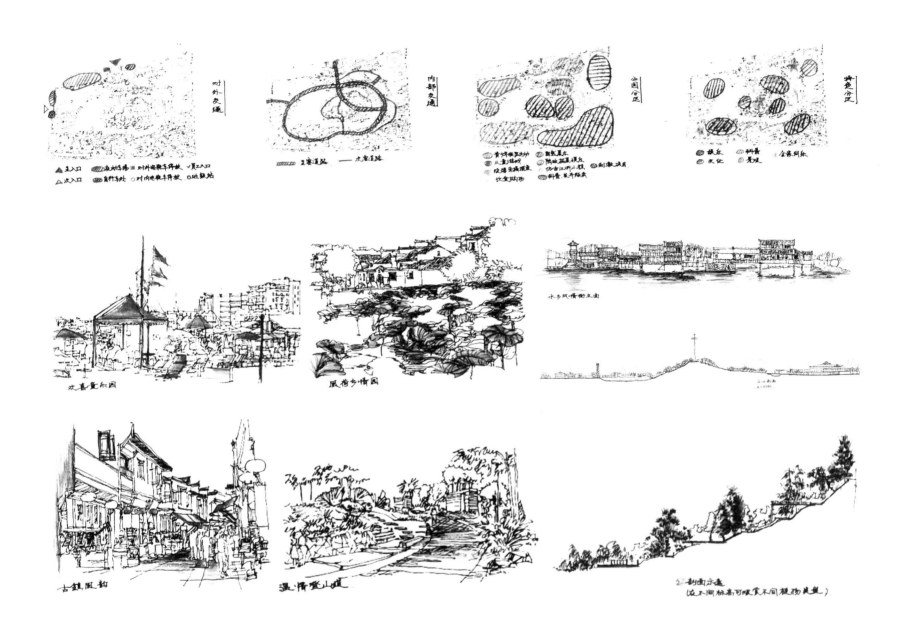

教师评语

该公园功能设置较为综合，建筑形式多样，景观元素丰富，路径设计流畅，入口处考虑了停车配套，思虑周全，马克笔运用比较娴熟，颜色也比较丰富成熟。但整张图面在丰富的前提下略显混乱，主次不够鲜明，核心的离岛占有水面面积过大。

天津市文化中心主题公园设计

班培颖

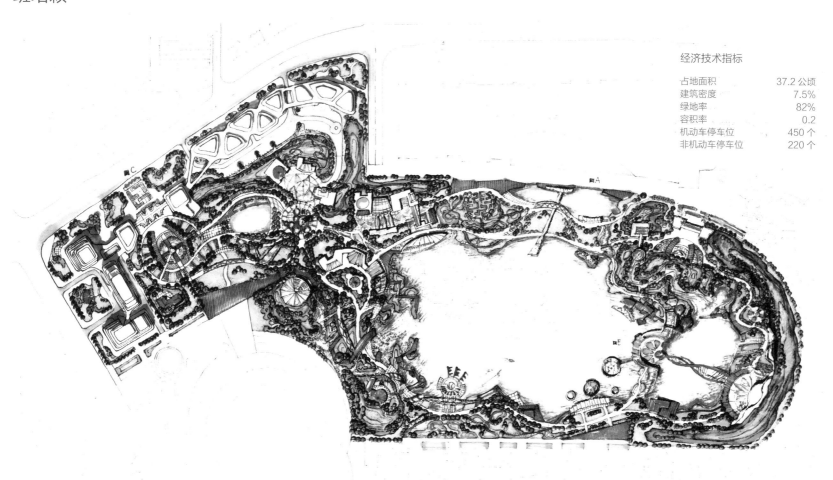

经济技术指标

占地面积	37.2 公顷
建筑密度	7.5%
绿地率	82%
容积率	0.2
机动车停车位	450 个
非机动车停车位	220 个

林荫溪水　　　　　　　幽静海子

网状水景　　　　　　　瀑布及湖

设计说明

本次设计选址于天津市河西区文化中心广场，四周有图书馆、博物馆、美术馆和大型购物中心，西北面临街，是人群活动的聚集地。该主题公园以"末日世界"为主题，将科幻的建筑风格与自然山水结合，展现了对人们滥用科技导致文明崩塌后的场景的想象，倡导可持续发展理念。

为向市民和游客提供优质的游乐场所和景观，也为减少对周围文化建筑的干扰，从功能上将游乐园大致分为南北两区，周边必要处以山围合，之间以一大湖隔开。南区发挥市民公园作用，较为安静，与博物馆区融合；北区以器械游乐为主，热闹的气氛与购物中心相称。从景观要素角度又将园区分为东西两区，东区以水景为主导，更设置落差达 12 米的瀑布和盆地；西区以山景和微地形草坡为主导。多种景观设计手法的运用构建了城市中不常见的自然风格景观，带给游人新奇丰富的空间感受。

教师评语

该公园立意新颖，以科幻建筑与自然山水的结合为切入点，南北功能分区合理，
东西景观元素设置得当，但该方案在效果图上未能将立意很好地表达出来。

哲思花语——植物造景与诗意空间体验主题公园快速设计

敖子昂

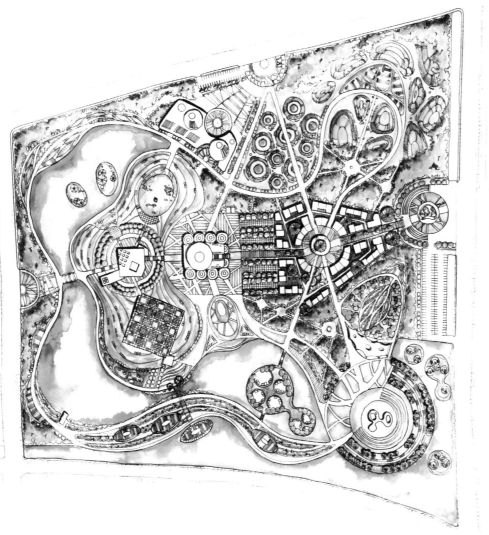

设计说明

方案扎根于中国传统文化精髓——易经，与基地本身的花卉文化相结合，用植物景观烘托出富有哲学意象的空间，强调事物之间的变异、流转，正如季节的更迭与轮回，植物在一年四季中呈现出不同的姿态。12 个特色景观空间的设计从易经理论中找寻灵感，与中国古典文化中的空间意象相契合。春夏的景观强调鲜艳与活力，秋冬的景点突出冷艳与清净。在展现植物美丽姿态的同时也让参观者沉浸在传统中国文化中。

主题公园门票免费，内置付费项目，如热带植物馆。设计在达到花卉展销目的的同时教育参观者，以传统自然哲学带动周边产业，吸引更多人流，使该地成为新的城市发展活力点。

经济技术指标

用地面积	39.5公顷
建筑面积	2.7 万平方米
道路用地	1.5 公顷
容积率	0.13
绿地率	85%

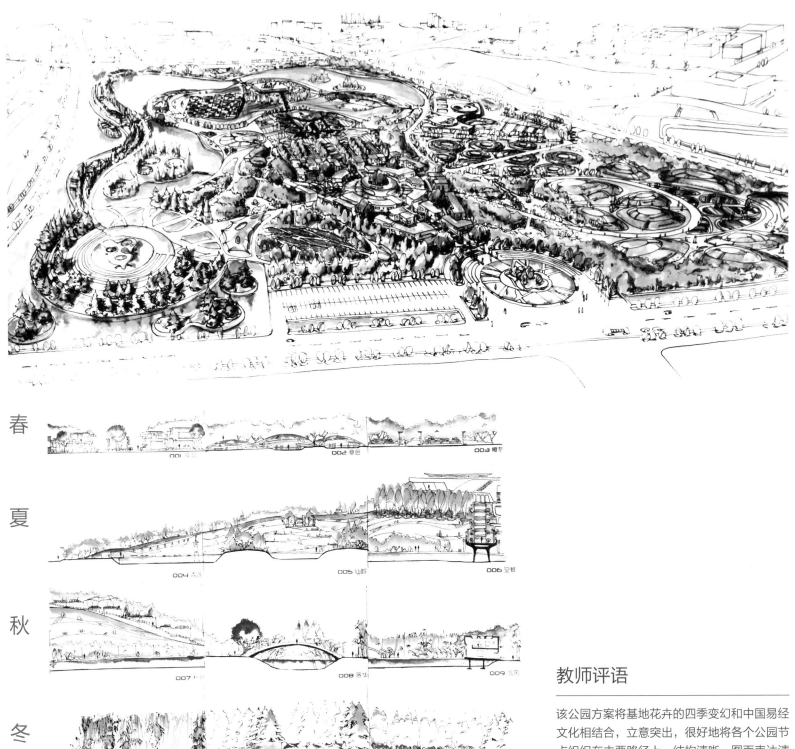

春

夏

秋

冬

教师评语

该公园方案将基地花卉的四季变幻和中国易经文化相结合，立意突出，很好地将各个公园节点组织在主要路径上，结构清晰，图面表达清晰爽朗，冷暖色调的使用十分娴熟。

主题植物园快题设计

白文佳

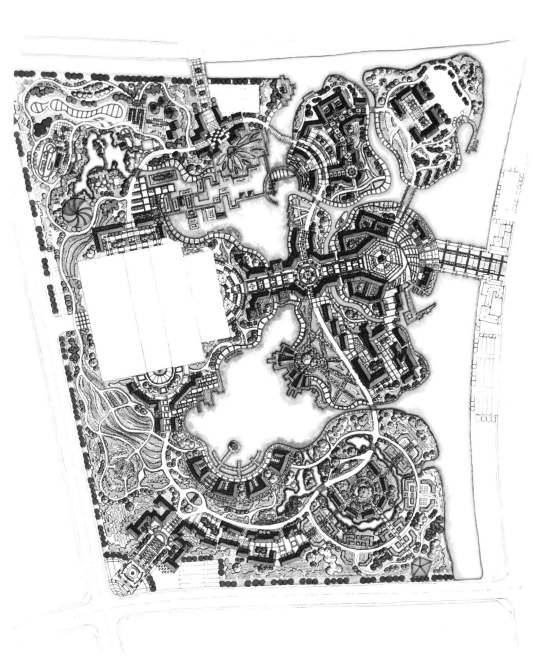

设计说明

（1）"市""野"之间：用人工手段去创造一个自然环境，形成有湖泊、河谷、溪流、湿地、山林、坡地、树林等多种形式的自然生态环境，突显城市绿洲境界。

（2）"动""静"之间：运用传统与现代造园理念，环绕公园主环道布景，并在主要景点及主环路旁营造小游园，动静结合，虚实相间。

（3）"林""木"之间：充分利用植物造景，塑造出山地密林的森林空间，体现季节变化特色生态空间，充分展示观赏空间、草甸空间、苗圃种植林等不同的植物景观。

（4）"传统""现代"之间：借鉴中国传统园林中"步移景异"的空间组织形式，形成动线和视线上的变化多样，运用现代材料和设计手法，塑造出贴近大自然气息的生态公园。

2010 级大三 · 主题公园设计案例

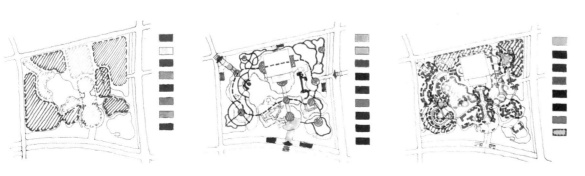

教师评语

该方案结构清晰，围绕保留区域进行空间组织，强调路径的联系，采用坡屋顶建筑，形式丰富，图面表达清晰，水形十分流畅，并且借水塑造核心空间，手法得当。

艚香园

陈明玉

总平面图 (1:1200)

标注

1. 过山车	12. 激流勇进
2. 空中踏浪	13. 热带植物园
3. 秋千长飘	14. 五彩花卉谷
4. 漕运商业街	15. 旋转飞盘
5. 漕运历史展馆	16. 阳光沙滩
6. 夜来香花田	17. 海盗飞船
7. 野菊花田	18. 广场舞台
8. 花卉培训基地	19. 花卉博物馆
9. 花卉市场	20. 大草帽
10. 生态绿岛	21. 花卉科技馆
11. 峡谷漂流	22. 植物迷宫

经济技术指标

用地面积	42.1 公顷
建筑面积	35 421 平方米
容积率	0.084
建筑密度	8 %
停车位	348 个
绿地率	70 %

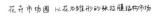

花卉市场图 以花为雏形的张拉膜植物市场

商业街 (以石家大院为蓝图)

设计说明

艚香园是以漕运文化及曹庄花卉为主题的公园。园内利用环线组织串联各景点，包括曹庄热带植物园、漕运商业街等。景区内设有重要节点的码头可供游人乘船游览，体会曹庄特有的花田花海。整个游园设有丰富的娱乐互动项目，使老少均可参与其中，如创意花卉工作坊，游人可自己培植花卉并由基地进行专业培训。结合南运河的船运小岛有自己的历史展馆，人们还可以穿行于商业街感受杨柳青年画、泥人张等文化的魅力。同时与公园结合的新型娱乐设备，也给人带来刺激与活力，为公园注入激情。

2010 级大三·主题公园设计案例

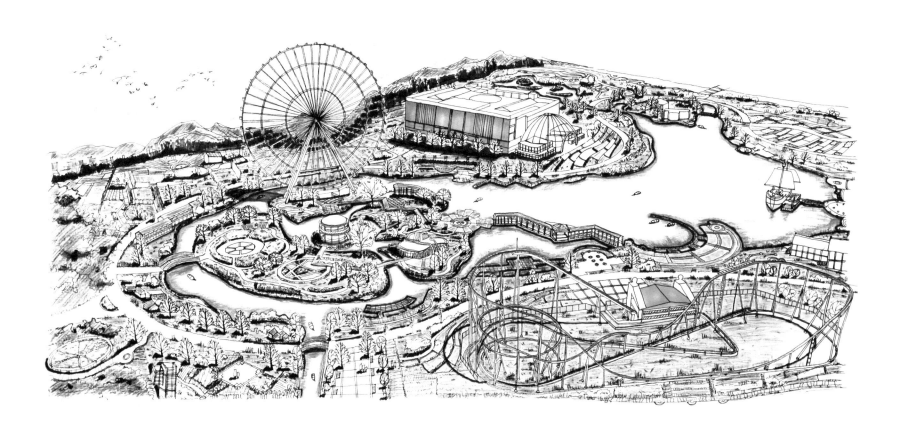

交通系统分析

- 主要道路
- 次要道路
- 滨水步道
- 主要广场
- 电瓶停车场
- 大巴停车场
- 汽车停车场
- 园区入口

景观系统分析

- 景观轴线
- 主要节点
- 绿化景观
- 次要节点
- 河湖景观
- 配套商业
- 游船码头

功能分区分析

- 儿童园区
- 成年园区
- 花鸟种植区
- 水上乐园
- 热带植物园
- 漕运园区
- 广场舞台

教师评语

该方案结构清晰，以水为核，很好地体现了漕运文化，以公园主路串联各个休闲节点，方式得当，考虑到位，停车配套周全，但东北片的组织稍有散乱。图面表达清晰，鸟瞰图刻画细致，很好地表达了立意。

"绿"动·新核
——天津市曹庄休闲游乐主题公园设计

陈恺

经济技术指标

建设用地	36 公顷
容积率	0.3
绿地率	75 %
停车位总量	166 个

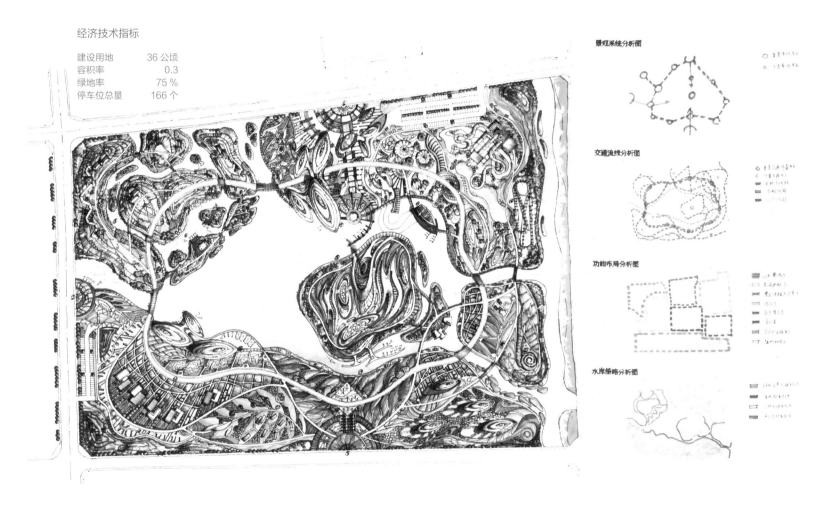

景观系统分析图

交通流线分析图

功能布局分析图

水岸策略分析图

标注

1. 漕运体验主入口
2. 游船体验次入口
3. 园艺体验次入口
4. 丛林探险通道
5. 林间漂流
6. 花海迷航
7. 神秘花园
8. 游客配套服务中心
9. 漕运艺术馆
17. 儿童游乐区
10. 花瓣主题商店
11. 攀岩休闲区
12. 植物剧场
13. 植物尺度放大体验区
14. 船上游乐
15. 水上休闲区
16. 穿林车
18. 奇幻岛
19. 园艺体验区
20. 芳香体验馆
21. 花园迷宫
22. 树屋体验区
23. 园艺 DIY
24. 水上植物研究所
25. 植物雕塑带

设计说明

本地块位于天津市曹庄花卉市场，毗邻外环线及地铁站点，交通便利，人流较为密集。本方案旨在营建外环新城的景观核心，给予不同人群新的停留场所，依托本地块的花卉及交通资源，以休闲游乐为主题的公园唤起地块记忆，承载花卉漕运文化，成为人们放松身心、锻炼自我的最佳户外休闲场所。

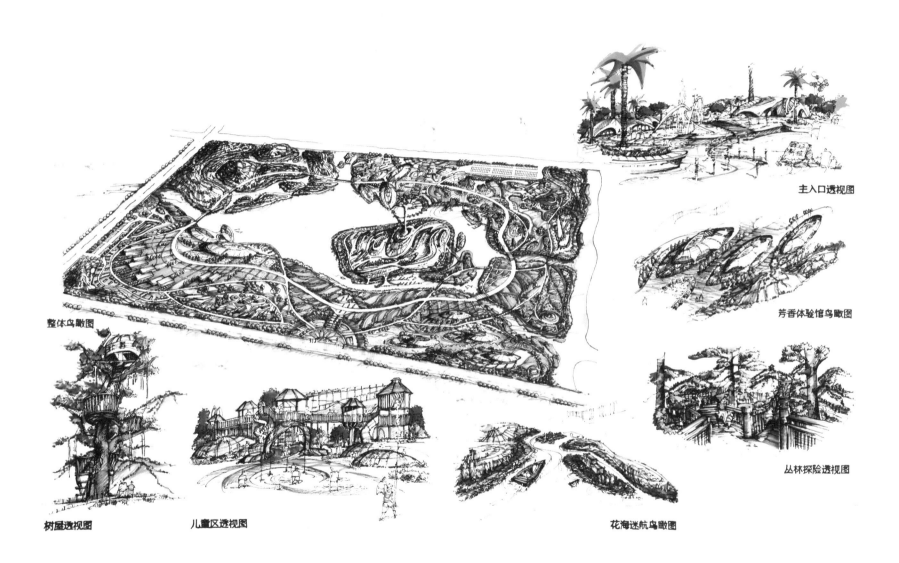

主入口透视图

芳香体验馆鸟瞰图

丛林探险透视图

整体鸟瞰图

树屋透视图

儿童区透视图

花海迷航鸟瞰图

教师评语

该方案结构清晰，交通流畅，分区明确，设计立意新颖，图面灵活多变，很好地展现了"绿"动·新核这一概念。马克笔运用娴熟，线条流畅，颜色运用得当，很好地表达了立意。

曹庄花卉主题公园规划快速设计

付晓

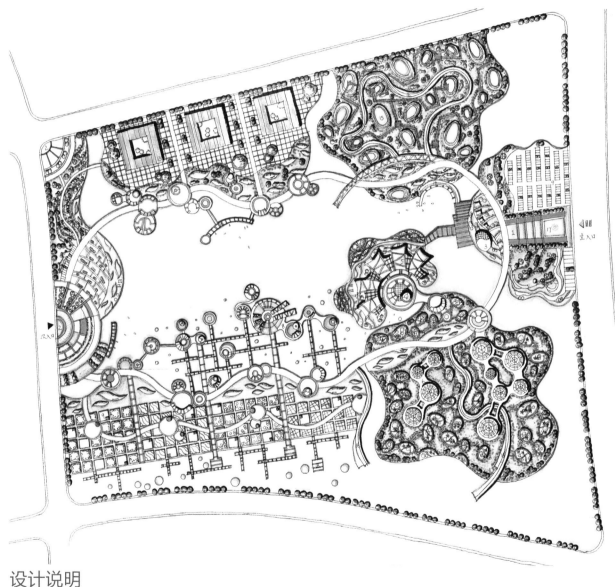

标注

1. 主入口广场
2. 次入口广场
3. 博物馆
4. 停车场
5. 花卉市场
6. 花卉科技馆
7. 微观植物园
8. 休闲广场
9. 花田
10. 亭子
11. 灯塔
12. 草坡
13. 温室花房
14. 码头
15. 水生植物园
16. 高架步行道
17. 入口喷泉
18. 水栈道

经济技术指标

总面积	35.7 公顷
建筑用地	12 000 平方米
容积率	0.11
建筑密度	3.3 %
停车位	161 个
游人容量	4 500 人
绿地率	83 %

设计说明

基地位于曹庄花卉市场,东临外环线,南毗南运河,外环线带有较大的游客量。南运河为基地自然环境提供基础,公园将保留原花卉市场的售花模式,并引入南运河的水资源,同时增加游览参观、教育等模式。游览主要以大片花田和水生植物区为主,参观主要有温室花房及花种博物馆,学习主要以朱武科技馆及细胞植物园为主,从微观角度认识植物。本方案的设计思路基于植物细胞结构及网格脉络,规划目标包括:①恢复地段历史记忆———花卉产地,将因城市结构改变而迁出的花田重新迁入;②完善地段的城市职能———塑造一个具有高效率综合服务体系的花卉主题旅游集散地;③提升地段地位和城市形象;④充分发挥基地的生态效能———利用植物的生态特性,通过净水网络等方式使其生态效益实现最大化。

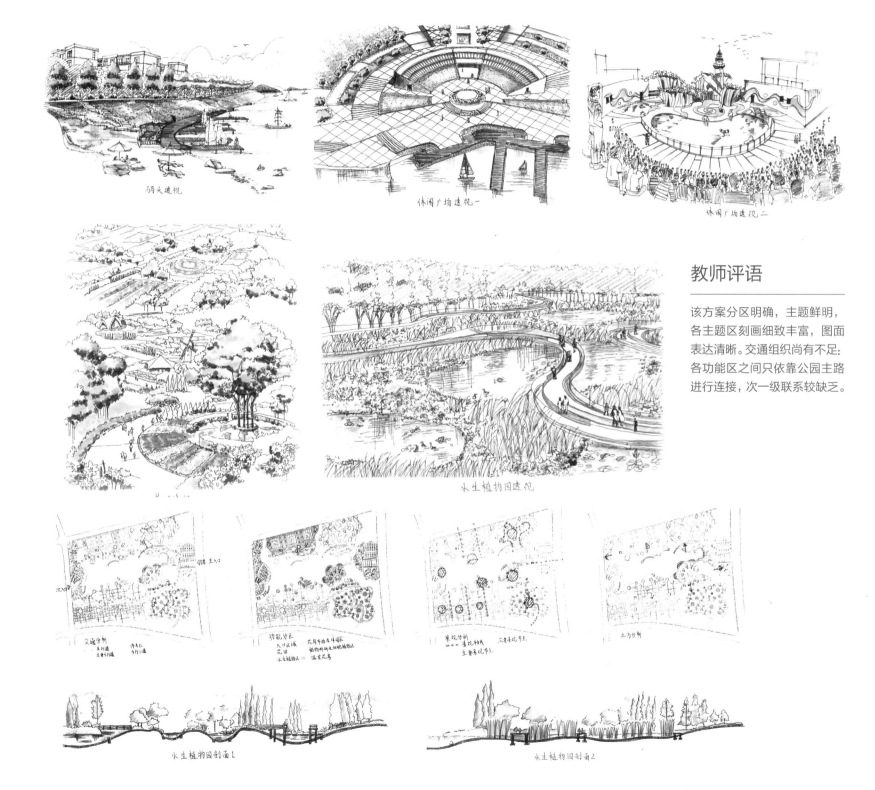

码头透视

休闲广场透视一

休闲广场透视二

教师评语

该方案分区明确，主题鲜明，
各主题区刻画细致丰富，图面
表达清晰。交通组织尚有不足：
各功能区之间只依靠公园主路
进行连接，次一级联系较缺乏。

水生植物园透视

交通分析

功能分区

景观分析

土方分析

水生植物园剖面1

水生植物园剖面2

东丽湖湿地主题公园设计
——游乐休闲度假 & 生态湿地体验

贾梦圆

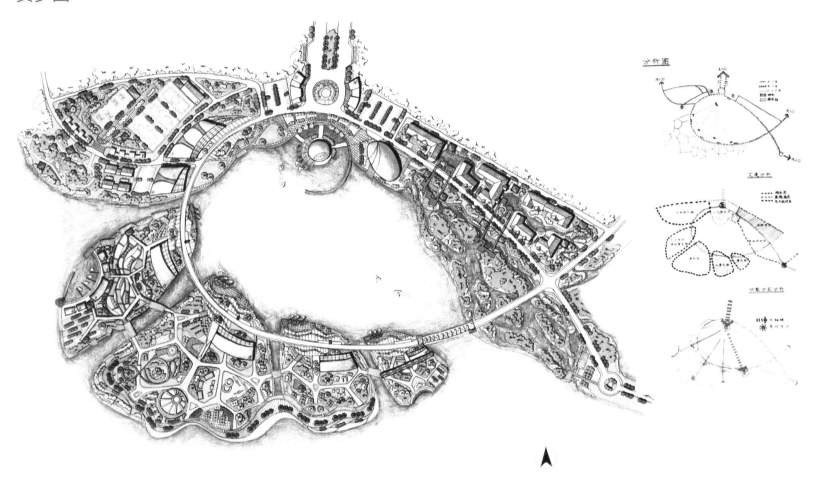

分析图

经济技术指标

用地面积	420 000 平方米
总建筑面积	33 100 平方米
建筑占地面积	12 000 平方米
建筑密度	2.86 %
容积率	0.078
停车位	168 个

设计说明

本方案选址于天津市东丽湖，设计目标为天津市的一个具有湿地景观特色的主题公园。东丽湖处于天津市区和滨海新区的中间位置，拥有丰富的淡水资源、生态湿地群落，因此具有巨大的发展潜力。方案灵感即来源于湿地文化，主题公园的形态犹如一个贝壳落在碧蓝的湖水之上。

根据公园定位、地域特征和资源分布特点，将公园划分为三大功能区，即马术运动区、游乐园和度假酒店，并且将湿地景观贯穿于三大功能区之中。公园的结构为"一轴、一环、五点"。一轴为入口—游船码头—摩天轮，一条环路将三个功能区串联，五点即五个滨水叶形广场。公园设计人流量为平均每天 5 000 人，园内有水上交通和电瓶车两种公共交通方式。

2010 级大三·主题公园设计案例

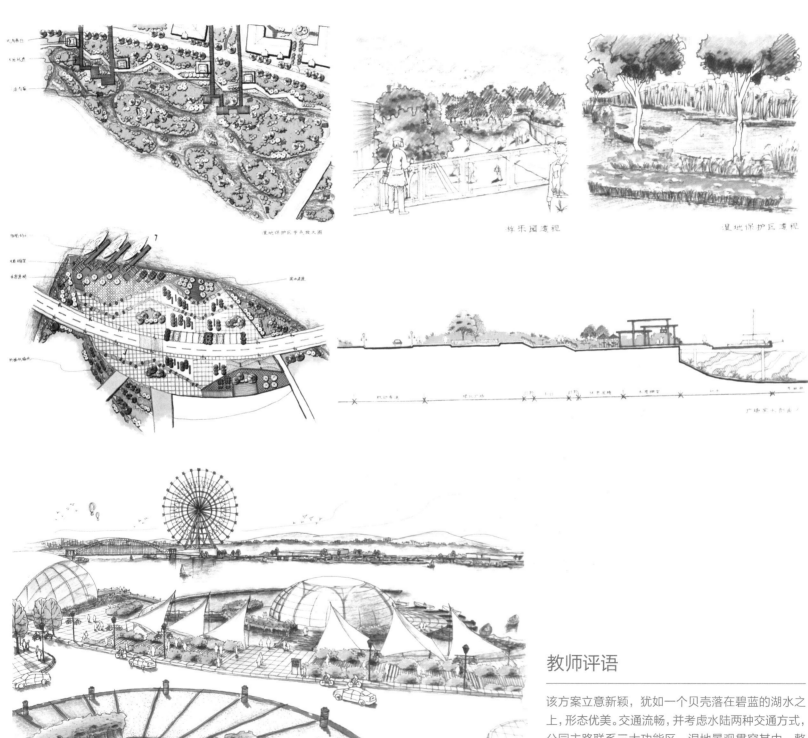

教师评语

该方案立意新颖，犹如一个贝壳落在碧蓝的湖水之上，形态优美。交通流畅，并考虑水陆两种交通方式，公园主路联系三大功能区，湿地景观贯穿其中，整体统一，水形优美，并且注重公园入口的对景关系。图面表达清晰，马克笔运用娴熟，色彩较协调。

东丽湖主题摄影园快题设计

史颖天

经济技术指标

总用地	45.2 公顷
总建筑面积	63 248 平方米
容积率	0.14
绿地率	83 %
建筑用地	21 324 平方米
停车位	154 个

标注
1. 入口广场
2. 摄影主题园
3. 停车场
4. 集散广场
5. 嬉戏绿地
6. 滨水广场
7. 主题体验馆
8. 游客接待中心
9. 步行区入口
10. 观光塔
11. 观景平台
12. 湿地
13. 码头
14. 酒店大堂
15. 餐厅
16. 别墅区
17. 客房
18. 会议室
19. 科普馆
20. 会展中心
21. 摄影器材街
22. 展厅
23. 摄影工作室
24. 咖啡厅
25. 观光塔

设计说明

该地块位于东丽湖风景区，自然景观条件优越。方案旨在通过打造一个摄影园提升整个东丽湖地区的艺术品质，从而加强地区的旅游影响力。园区采用两带一心的模式，南部为生态摄影观光的旅游路线，北部为摄影作品展览馆、摄影器材街等公共区域，中心为一小型度假酒店，供观光客和来访摄影师居住。基地东视角有一摄影村，有一定规模的摄影工作室常驻其中，进行长期艺术创作，以保证园区内的艺术活力及核心吸引力。南侧步行游览区与水的交界由湿地过渡，以引入东丽湖地区丰富的鸟类资源，丰富摄影内容。摄影村及湿地设有码头供摄影师与游客相互交流，一方面游人成为摄影师的素材，另一方面摄影师在摄影方面对游人进行指导。让两者进行充分交流以扩大园区的影响力成为该方案设计的指导思想。

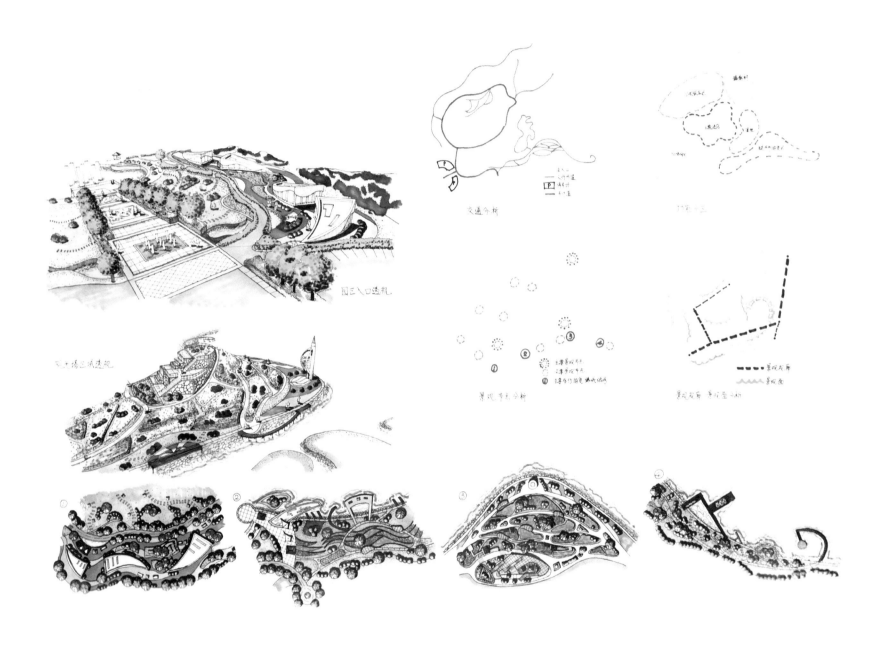

教师评语

该方案立意不错，从摄影主题入手，配套周全，分区明确，同时满足摄影素材、游玩以及居住功能的要求。
路线设计灵活，从入口空间分南北两个方向，景观元素的配置也比较丰富。但是整张图面在表达上过于
平均，核心空间的设计不够突出，颜色比较清淡，缺乏必要的对比关系。

曹庄花卉市场主题公园设计

孙全

总平面图1:1500

节点放大

节点放大

经济技术指标

建设用地	42 公顷
绿地率	82 %
建筑密度	9 %
容积率	0.32
车位	289 个

设计说明

本方案地取在华北最大的花卉市场——曹庄，主题为打造集生态度假、主题游乐、科研种植、花卉商业于一体的"花卉主题"公园。主题园的建筑风格以欧式为主，花田花海和北侧的科技商业区为之前在曹庄工作的人员提供了就业机会。南侧的休闲度假区则为参观者提供了逗留的机会。

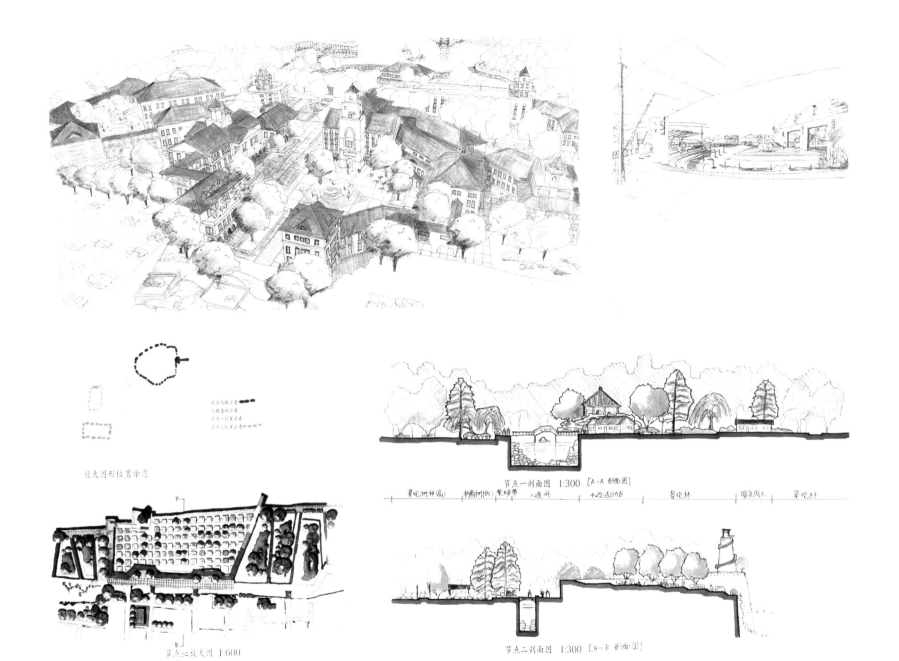

石滩布置示意
人视连规示意
节点一位置示意
节点二位置示意

放大图形位置示意

节点一剖面图 1:300 [A-A 剖面图]

景观树种(局) 林荫树种(林) 堤林带 人造河 水边活动区 景观林 服务场地 景观林

节点二放大图 1:600

节点二剖面图 1:300 [B-B 剖面图]

教师评语

该方案图面表达丰富，运用多种设计手法，景观元素多样，水景设计比较纯熟，功能分区明确。空间组织稍有混乱，结构不够清晰，核心区处理不到位，导致主次不够鲜明，另外入口空间的建筑群组织稍显凌乱。

城市绿肺
——天津曹庄环境教育主题公园设计

王祎

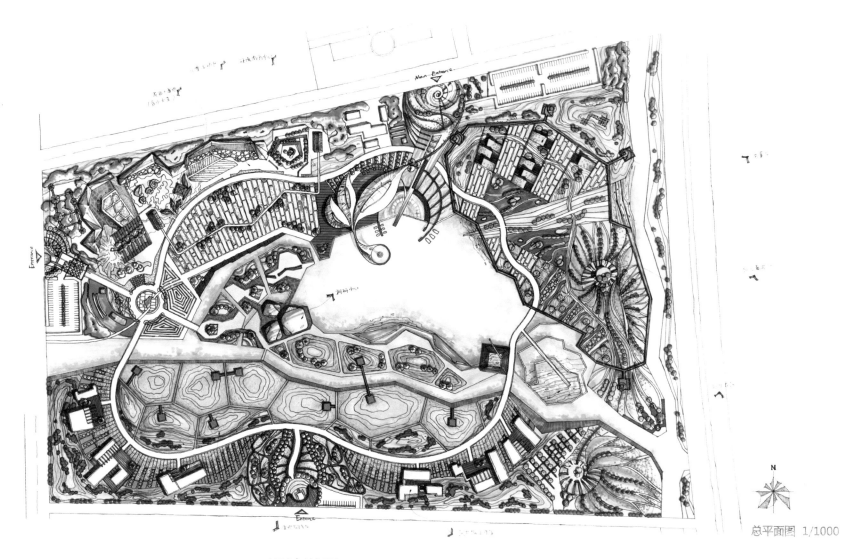

总平面图 1/1000

经济技术指标

建设用地	30.1公顷
容积率	0.14公顷
建筑密度	8 %
绿地率	83 %
停车容量	127 辆

设计说明

本着为广大市民提供一个环境教育体验平台的宗旨，该公园依托曹庄花卉市场及周边优越的地理环境和区位优势，着力打造一个天津市范围的环境教育基地。基地曾是大片的花田，为了恢复地段历史记忆，充分发挥花卉观赏价值，公园将重塑昔日花田胜景。同时基地周边的水系为我们提供了还原湿地生态原貌的条件，而便捷的交通（毗邻外环线并有地铁站）更增加了市内大、中、小学生前来参观体验的机会。

2010 级大三 · 主题公园设计案例

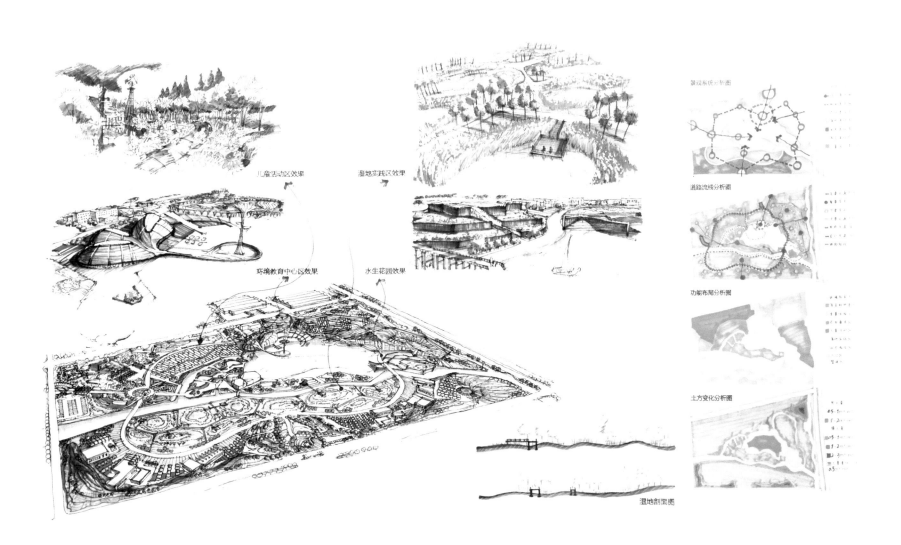

儿童活动区效果　　　　湿地实践区效果

环境教育中心区效果　　水生花园效果

景观系统分析图

道路流线分析图

功能布局分析图

土方变化分析图

湿地剖面图

教师评语

该方案立意新颖，着力于打造环境教育体验平台，环境空间设计优美，曲线和折线元素衔接恰当，入口设计别出心裁，丰富多样。图面表达丰富，颜色使用得当。

曹庄花卉市场地块公园设计

王静

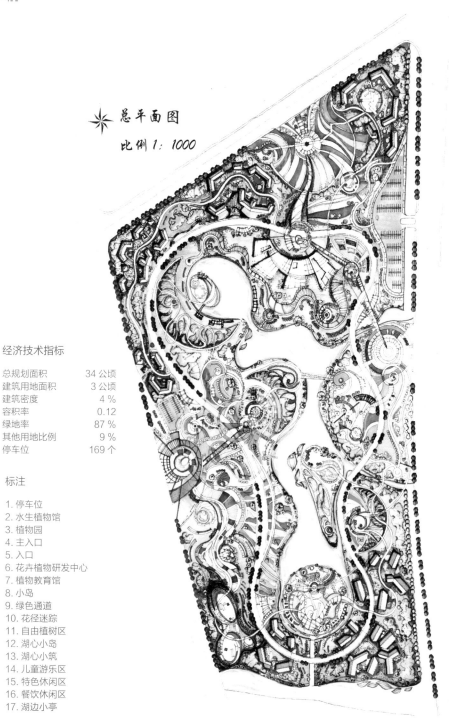

总平面图

比例 1：1000

经济技术指标

总规划面积	34 公顷
建筑用地面积	3 公顷
建筑密度	4 %
容积率	0.12
绿地率	87 %
其他用地比例	9 %
停车位	169 个

标注

1. 停车位
2. 水生植物馆
3. 植物园
4. 主入口
5. 入口
6. 花卉植物研发中心
7. 植物教育馆
8. 小岛
9. 绿色通道
10. 花径迷踪
11. 自由植树区
12. 湖心小岛
13. 湖心小筑
14. 儿童游乐区
15. 特色休闲区
16. 餐饮休闲区
17. 湖边小亭

设计说明

本设计选址于天津市曹庄花卉市场，结合基地滨水特色，串接多种植物栖息场所。公园内包含水生植物馆、花卉植物研发中心、植物教育馆、绿色通道、花径迷踪等景区，打造新型的知、认、游、赏于一体的特色公园。方案结合水土环境、动静分区、交通系统等进行功能划分，展现不同生存环境的植物，满足各类游客需求，赋予人们丰富的游览体验。

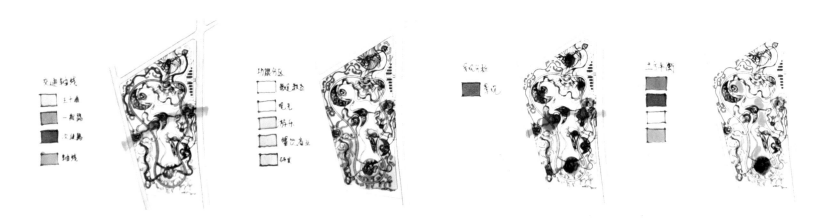

局部鸟瞰图

教师评语

该方案结构清晰，公园主路线形流畅，
串联各个节点，节点设计较精细。景观
设计融合了多种元素，较为丰富。图面
表达清晰，色调搭配较协调。

东丽湖汽车主题公园

徐玉

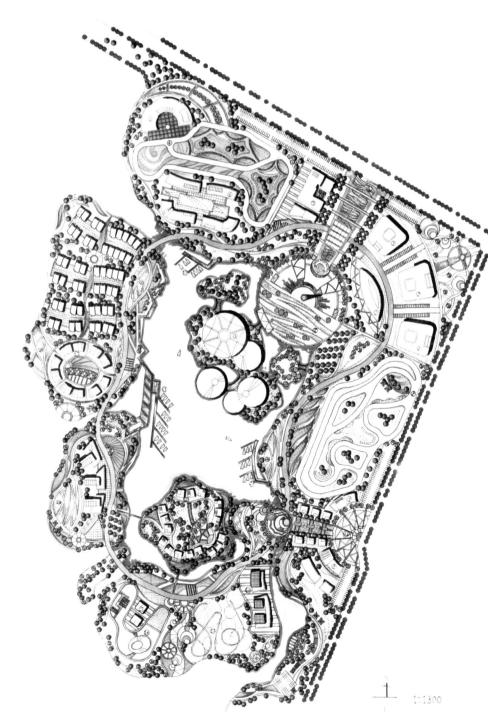

标注

1. 主入口广场	11. 次入口广场
2. 中央广场	12. 室内游乐馆
3. 汽车主题博物馆	13. 小型过山车
4. 卡丁车赛道	14. 水上娱乐区
5. 汽车改装楼	15. 娱乐区服务站
6. 汽车俱乐部	16. 酒店
7. 名车 4S 店集群	17. 独栋别墅
8. 试驾区	18. 叠拼别墅
9. 园区办公	19. 码头
10. 特色商业区	20. 花田

经济技术指标

总用地面积	33.5 公顷
建筑用地面积	17 640 平方米
总建筑面积	96 340 平方米
建筑密度	0.053
容积率	0.29
绿地率	81 %
停车位	345 个

设计说明

基地位于天津市东丽湖西北角，原为天津欢乐谷规划用地。天津市在空港物流方面独具优势，是汽车进出口重要关口，设计利用这一特点并结合商业、旅游和居住将其打造成综合性汽车主题公园。

本方案以一站式玩车、赏车、购车为主旨，将外围湖水引进基地形成几个半岛或全岛，分别配置不同功能，以环路串联各个小岛。主入口附近布置汽车俱乐部和名车 4S 店集群，中心区建筑群为汽车博物馆，基地南部设有特色商业店铺和游乐设施，西侧则有汽车主题酒店和高级住宅区。园区内配有电动公交和码头作为主要交通方式，为游人提供便利，使其更好地游览整个园区。

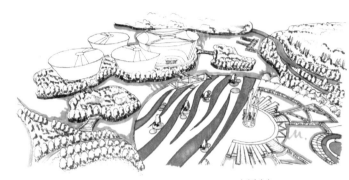

石滩 景观

石滩 剖面

教师评语

本方案结构清晰，以环形路网串联整体，使各个组团间既分工明确又保持了良好的联系。通过楔形广场与树阵，强调了入口秩序感。将水体引入园区内部，充分利用自然水体，并丰富了园区景观，创造了良好的生态环境，形成了建筑组群与水体相融合的生态格局。

方案整体用色清新淡雅，表达较为完整，层次感较强，建筑单体及组合形式较为丰富。对周边水体和环境的交代略显单一。

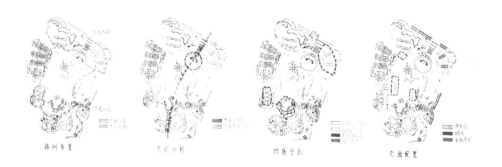

路网布置　　　　平面分析　　　　功能分区　　　　交通配置

天津市河西区文化主题公园

张秋洋

经济技术指标

用地面积　　　33.45 公顷
总建筑面积　87 699 平方米
建筑密度　　　21.8%
容积率　　　　0.26
绿地率　　　　68%
绿化覆盖率　　77%
停车位数　　　796 个

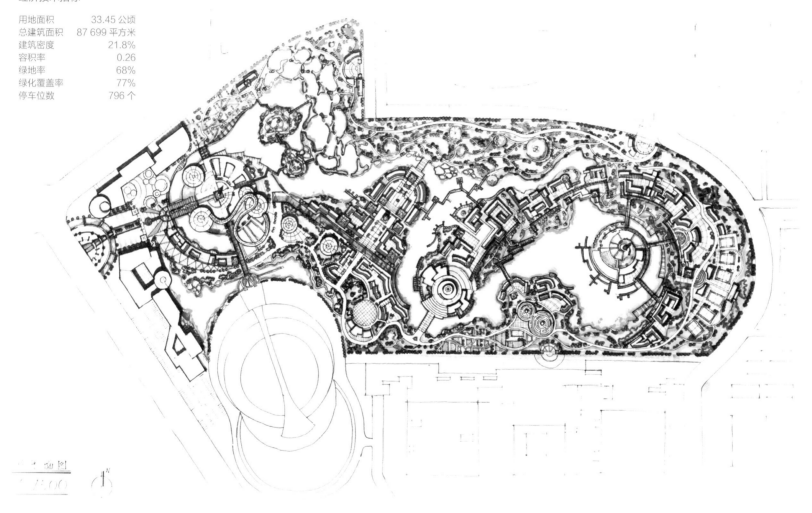

设计说明

本地块位于天津市河西区银河广场（原天津乐园），该主题公园为主要面向儿童群体的文化主题公园，集游览、体验为一体，依托租界文化，以微缩景观的形式展现。园区内建筑以欧式风格为主，将天津本地租界时期有代表性的建筑以一定比例缩小复原，给孩子们一个了解历史、体验历史、感受自然、享受乐趣的主题乐园。

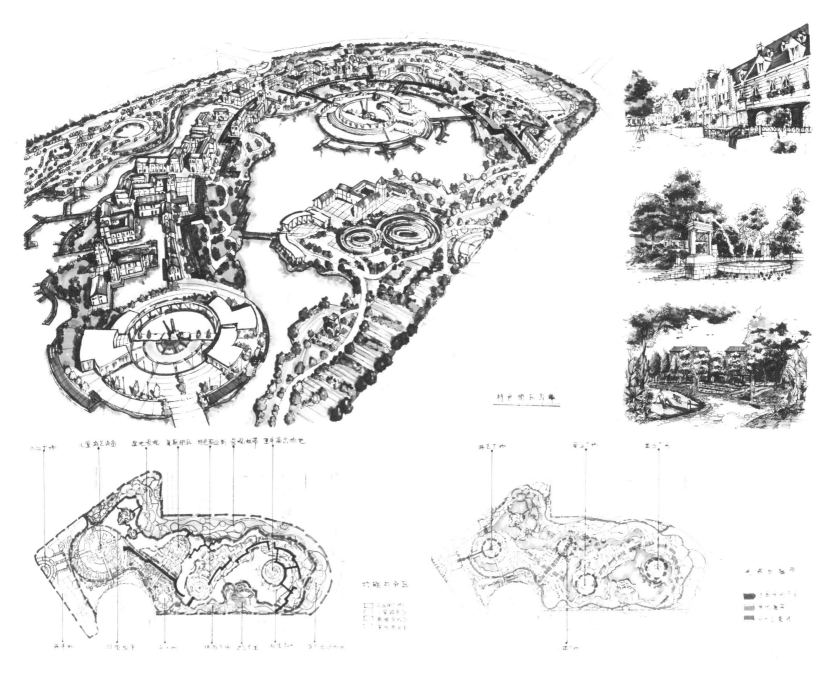

教师评语

方案规划结构清晰，与周边环境形成了较好的呼应关系。通过水体进行了组团的划分，水岸既有滨水建筑又有自然驳岸，形式丰富。用色清新淡雅，重点突出，各种景观元素紧密联系。鸟瞰图用色较重，使整体图面比例略有失衡。

天津东丽湖游戏主题公园快题设计——"回梦游仙"仙剑主题公园

张子健

标注

1. 古城门入口中心
2. 亲水平台
3. 安庆村客栈
4. 明州之城
5. 演武场主题表演区
6. 折剑山庄主题体验馆
7. 仙剑主题影院
8. 夏侯府室内体验区
9. 龙虎亭电竞场馆
10. 封神牌
11. 瞬川谷
12. 洛阳帝都
13. 九曲黄泉阵
14. 天河居（儿童）
15. 青木居（儿童）
16. 剑家路
17. 鱼人码头
18. 剑台

经济技术指标

总用地面积	25.25 公顷
总建筑面积	41 700 平方米
容积率	0.165
建筑密度	13%
绿地率	81.1%
停车位	221 个
公园游人总量	10 000 人

如梦令

靖潮千里远岚宁
举目浪沧平
一襟年少
放歌云起
天许晓风青

唤花燕语朝时景
指与伴游听
共尔相逢
与君联袂
同向陌边行

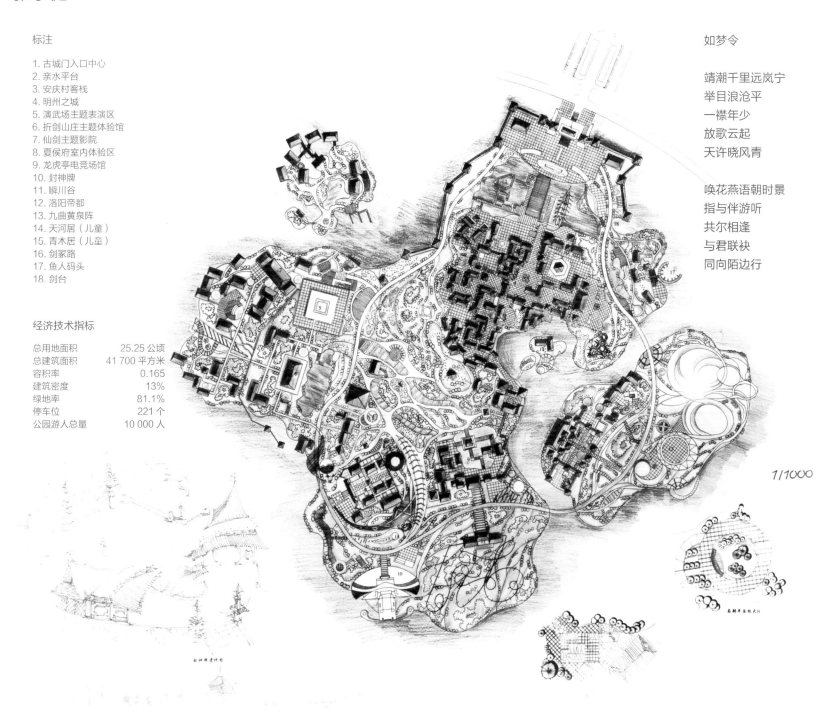

1/1000

设计说明

以古代修真文化作为蓝本，通过游戏场景的再现以及个人对于游戏的理解，来实现整个空间的基调设定。此外，借助于个人对于空间的理解，通过对空间的拼接、交融以及分解来实现空间的统一性的设定，将中国特有的修真文化的内涵在有限的空间之内分散在每一个角落，用特殊的方式来演绎传统。

教师评语

方案结构清晰，路网布局较为合理，灵活运用了现状水体，形成了古建筑与自然水体相互呼应的空间格局，符合古代修真文化的主题。整体色调统一，用色古朴淡然，古建筑刻画细致，但成果中缺少鸟瞰图。

民俗文化主题公园

邬皓天

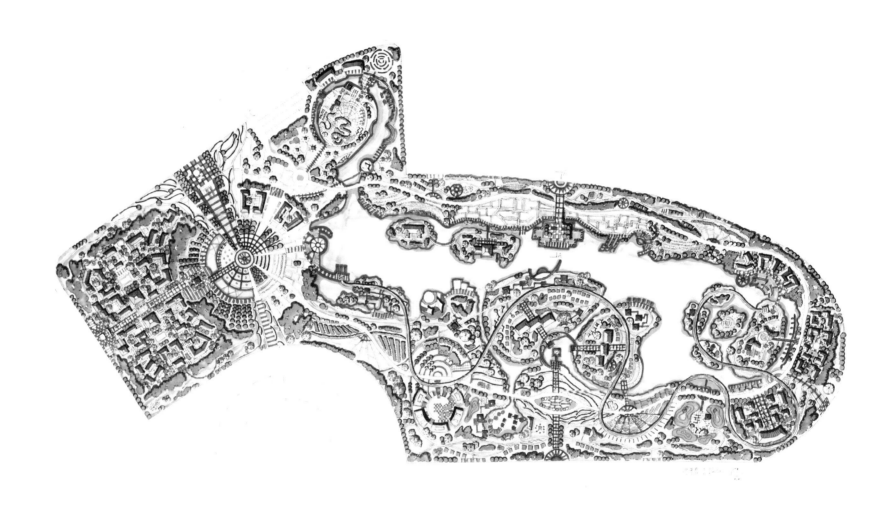

设计说明

该公园所在区域为天津市文化中心区域，结合地块所在区域，选择以民俗文化作为主题，并结合地块由多个居住区所包围的情况，赋予该公园一定的公益功能，以满足周边居民的需要。该公园分为以下区域：入口广场区、特色商业区、曲艺文化区、美术区、文化交流区、信仰区、特色小吃区、民俗作坊区、老年人及儿童区。在高差方面、采用台地、梯田、自然坡地，丰富了竖向设计。整个平面拥有一个自循环系统，并设置码头和亲水平台，以丰富岸线，建筑形式为中式传统建筑，交通上使用慢行环线将整个地块连接起来。

经济技术指标

总用地面积	33.45 公顷
总建筑面积	40 140 平方米
容积率	0.12
建筑密度	10 %
绿化覆盖率	86 %
人流量	10 000 人 / 天

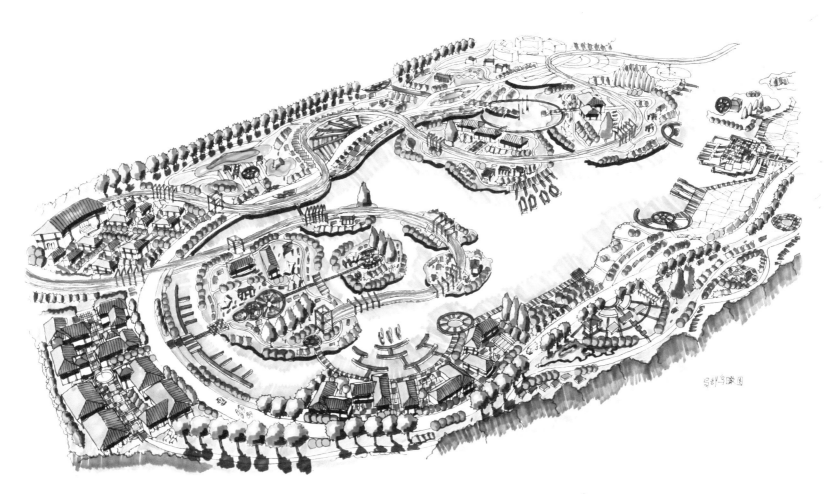

教师评语

该公园结构清晰，水岸设计优美，路径组织与水面紧密联系，为方案增加了几分灵动。入口设计几何化，核心空间以圆形放射状进行设计，并且路径上与水系产生空间联系，手法得当，图面表达得当，色调协调。核心广场左侧建筑组团空间组织凌乱。

天津东丽湖运动主题公园快题设计

高婉丽

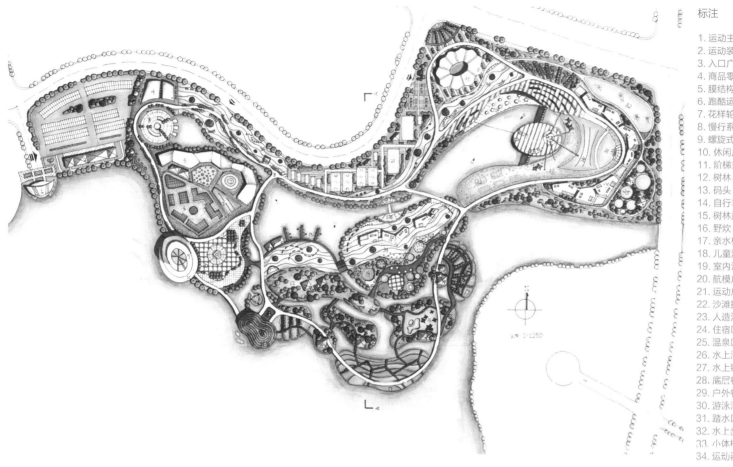

标注

1. 运动主题展示馆
2. 运动装配穿戴区
3. 入口广场
4. 商品零售店
5. 膜结构建筑、攀岩区
6. 跑酷运动场地
7. 花样轮滑、滑板区
8. 慢行系统
9. 螺旋式建筑
10. 休闲广场
11. 阶梯式建筑
12. 树林、山坡
13. 码头
14. 自行车服务站
15. 树林露营
16. 野炊、风筝区
17. 亲水栈道、草坡
18. 儿童游乐运动区
19. 室内活动休息区
20. 航模广场
21. 运动户外场地
22. 沙滩排球
23. 人造沙滩
24. 住宿区
25. 温泉区
26. 水上滑梯
27. 水上钢丝、平台
28. 底层餐厅、屋顶平台
29. 户外餐饮区
30. 游泳池
31. 踏水区
32. 水上步行球
33. 小体操馆
34. 运动器械道路

设计说明

经济技术指标

总用地面积	26.3 公顷
总建筑面积	42 000 平方米
容积率	0.16
建筑密度	9 %
绿地率	81 %
停车位	258 个
公园游人总量	5 000 人

方案将当今城市居民最欠缺的运动与生态相结合，定位为位于天津市东丽湖居住区的公共运动主题公园。园内划分为五个区：极限运动区、生态环境感受区、儿童区、场地区和水上乐园区。设计设置环形慢行系统将五大主题区串联，不仅可供游人骑行和慢跑，还可作为公园的主要交通线路。三条跑道地面起伏，道路沿线有各式运动器械，形成园区主要轴线，使游人在行走的过程中得到丰富的锻炼。极限运动区设有针对跑酷、花样滑板、自行车、轮滑的专门场地，膜结构建筑为攀岩爱好者提供场地，同时可供游人休息。自行车与游人皆可在两个邻水建筑屋顶上通行，并给人独特视角与感受。生态环境感受区设于基地南侧环境脆弱地带，将其打散成大小不同的小岛并种植不同植物，可供露营、野炊、放风筝用。儿童区的场地布置为大小不同的圆形，并设有草地、沙坑、水池。场地区邻近基地北侧道路，方便周边居民使用，设有羽毛球、乒乓球、篮球、网球户外场地，小体育馆可供体操、瑜伽等使用。水上乐园区设有人造沙滩、观景餐厅、泳池、冲浪、跳台、水上步行球、钢丝、滑梯等。为了方便城区居民，建有小型住宿区并配有温泉。公园可带动周边地产，从而产生经济效益。

2010 级大三 · 主题公园设计案例

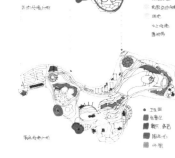

教师评语

该方案用水将地块分为五大功能区，手法得当，分区明确，图面表达清晰。空间的整体性还有不足，如果从形态上找找联系会更好。公园入口处的停车空间过于狭小，入口的对景关系也应深入考虑。

生态主题公园设计

金艺豪

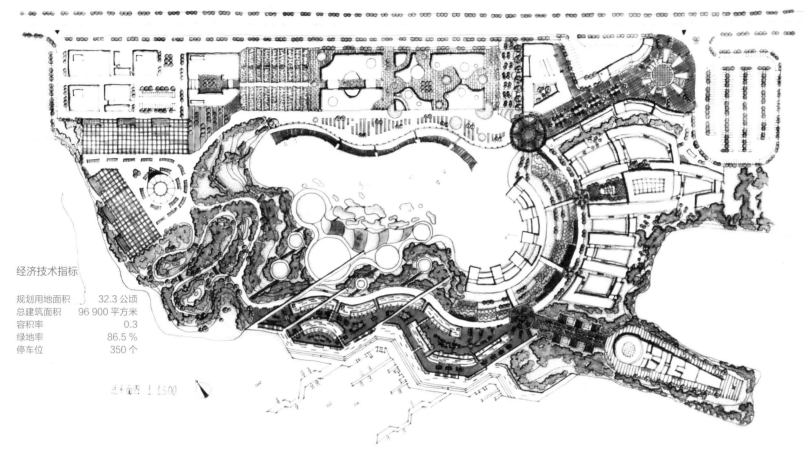

经济技术指标

规划用地面积　　32.3 公顷
总建筑面积　　　96 900 平方米
容积率　　　　　0.3
绿地率　　　　　86.5 %
停车位　　　　　350 个

总平面图 1：1500

设计说明

方案选址于天津东丽湖西北岸，基地西侧为天津欢乐谷，东侧为东丽湖水上运动公园和高档居住区。项目定位与周边功能错位发展，以生态水岸为主题，服务区域游客及周边居民，打造成为集生态观光、休闲娱乐、康养度假为一体的综合生态公园。

园区功能分为入口综合服务区、滨水康养度假区、水岸码头游览区、生态湿地密林区、文化展示区和后勤管理区。中部以水为核心，通过自然湿地、净水池塘、缓岸草坡、亲水平台、滨水建筑等自然和人工要素丰富湖面岸线。周边功能围绕湖面展开，通过轴线、廊道加强与水的联系。交通组织上在游览入口、管理服务处、后勤服务处设有停车场，园区内部以人行环线组织各片区。

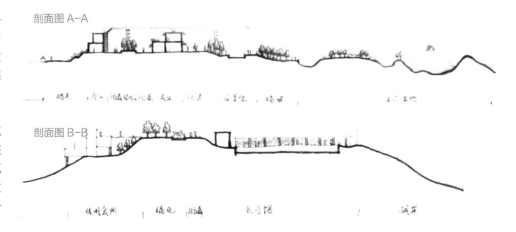

剖面图 A-A

剖面图 B-B

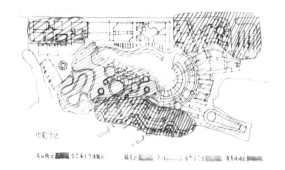

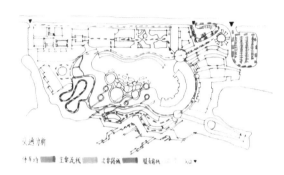

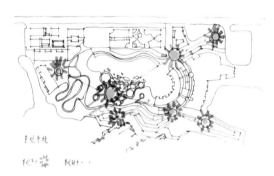

教师评语

该公园围绕中部水系设置环形路网，串联各个功能区，步移景异，建筑形式多样，组合丰富，使得方案质感很强，图面表达也较为清晰。但是功能区之间的联系稍显生硬，没有做好建筑与自然景观的融合。

天津曹庄植物游乐园

亢梦荻

经济技术指标

总用地面积	30.1 公顷
总建筑面积	23 200 平方米
容积率	0.08
建筑密度	6.7 %
绿地率	82.5 %
停车位	221 个
公园游人总量	0.4 万人

标注

1. 月湾广场
2. 温室植物园
3. 餐饮、商店
4. 绿色迷城——儿童迷宫
5. 悠南山——旱生植物区
6. 采摘园
7. 亲子农场乐园
8. 森林树屋
9. 寻水捉虾——儿童戏水区
10. 萍水相逢——水生植物区
11. 滨水沙滩
12. 彩虹浮桥
13. 花之语广场
14. 桥园——草本植物园
15. 渔舟唱晚——游船码头
16. 渔人茶会
17. 凌波湾
18. 生态湿地
19. 集芳园——花卉展示园
20. 花草趣——儿童游乐场
21. 水瀑广场

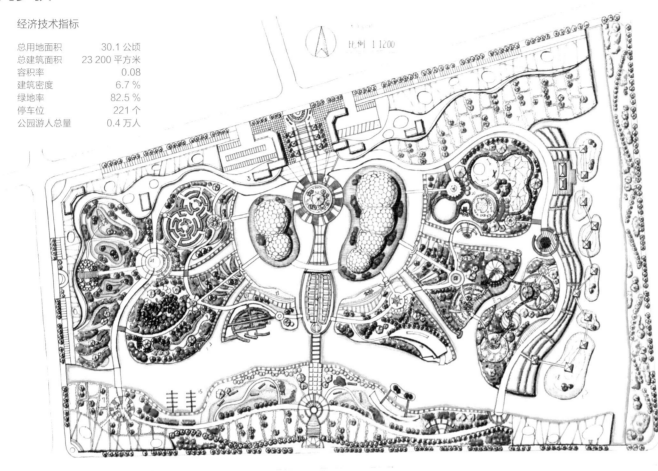

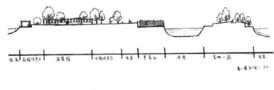

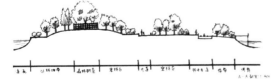

设计说明

该公园选址于天津近郊曹庄花卉市场南侧，以自然游乐园为主题，强调"自然、生态、休闲"，希望能为城市中的孩子创造更多机会亲近自然。

园区内部空间以温室植物园为核心，以入口的商业街、月湾广场、彩虹浮桥、花之语广场为主轴，利用水网将公园划分森林、水岸、花卉、草地等不同自然主题的岛屿。各岛又以小广场为交通核心组织各游乐主题。交通组织上，合理安排停车位置，以一环路串接各主题园，道路交叉处自然形成节点。根据基地地理条件设置了电瓶车和水上交通路线。

在公园经营上，以儿童游乐、花卉售卖、农场种植为吸引点，保证公园的正常运营。

2010 级大三·主题公园设计案例

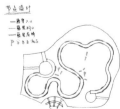

教师评语

该方案以温室植物园为核心，形态优美，中心突出，穿过植物园前广场的主轴线丰富且具有变化；借水将基地分为五个不同主题的岛，形态优美，富有新意，并且用两个环路进行路径联系。图面表达清晰，线条流畅。

萌宠乐园
——天津西青区曹庄子花卉市场地块城市设计

李雪

经济技术指标

建设用地	28.6 公顷
道路交通用地	3.9 公顷
公共绿地	19.8 公顷
总建筑面积	2.4 公顷
建筑密度	6.3 %
容积率	0.17
绿地率	68 %

标注

入口接待区
1. 休闲有乐接待室
2. 寄养训练接待室
中心综合区
3. 爱犬萌猫馆
4. 小宠馆
5. 爬行宠物馆
6. 宠物餐厅
7. 水族馆
8. 人造沙滩
9. 水上乐园、萌猫嬉戏区
10. 浅水池
11. 沙坑、家禽亲水区
12. 玻璃观赏房
13. 水池、爱犬乐园区
14. 深水池
15. 浅水池
16. 休息亭
17. 器械娱乐区、鱼乐无限区
18. 垂钓园、医疗美容区
19. 宠物医疗美容院
20. 市民广场区
21. 林涧鸟语区、生态训练区
22. 亲水平台
23. 滨水表演场
24. 宠物训练馆
25. 宠物寄养酒店
26. 宠物比赛馆

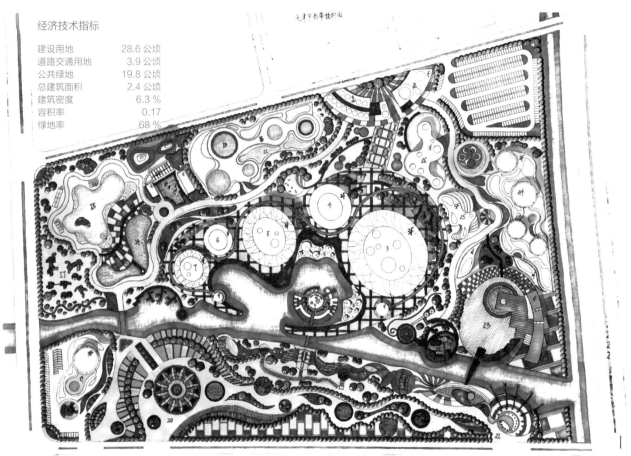

总平面图 1:1000

A-A 剖面图

设计说明

宠物主题公园作为一种文化旅游项目，具有突破原本家庭或小群体饲养、观赏的优势，为人们提供了一个集宠物的运动训练、休闲娱乐、餐饮寄养、医疗美容等功能于一体的自由合法的公共场所，实现了人、宠物和自然的和谐发展。

"萌宠乐园"选址于天津市近郊西青区中北镇曹庄村花卉市场，东临外环西路，交通便利。公园以中心综合区为中心呈放射状展开，以南运河为界分为南北两部分，包括北部的入口接待区、生态训练区、萌猫嬉戏区、爱犬乐园区、家禽亲水区、鱼乐无限区和南部的医疗美容区、市民广场区和林涧鸟语区。园内各项活动都注重人与宠物的参与互动性，寓教于乐。空间上充分利用植物和水景营造出活泼开敞的自然环境，情景交融，体现"人与宠物和谐共处"的主题思想。

2010 级大三 · 主题公园设计案例

A

D

功能分区分析

B

E

交通流线分析

C

F

景观系统分析

中心综合区鸟瞰图

教师评语

该方案采用了圆形元素进行构图，圆形景观与圆形建筑相得益彰，丰富且具有变化，各个主题区的设计精细多样。图面表达清晰，马克笔运用娴熟。在整体景观上，水的处理稍微有些拘谨，未能很好地渗透到整体地块当中；路径的设置较为混乱，未能将公园环路梳理出来。

游园惊梦
——天津曹庄热带植物主题公园设计

孟令君

经济技术指标

总用地面积　37.2 公顷
容积率　　　0.3
建筑密度　　25 %
绿地率　　　62 %
停车位　　　300 个

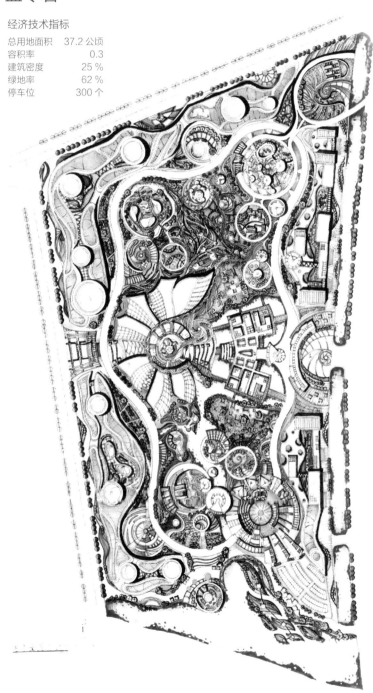

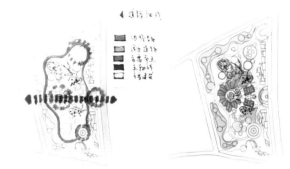

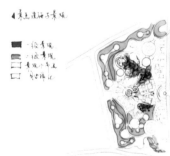

标注

1. 入口广场
2. 热带植物商业街
3. 热带植物园
4. 花卉市场
5. 奇石园
6. 秋葵园
7. 怡杭园
8. 凝香谷
9. 兰堂
10. 观月广场
11. 葱竹映月
12. 水生植物研究中心
13. 微缩天下
14. 荷塘
15. 薰衣草园
16. 儿童乐园
17. 宠物市场
18. 公交、电瓶车中转站
19. 生态岛
20. 配套服务设施（含停车楼、
　　住宿、餐饮）

设计说明

"圆"即园，本设计以圆形为母题，组织起整个植物主题公园，每个园中都有自己的天地，穿梭于园、谷、堤边，在移步易景中也感受着整个设计中严谨又不失活泼的秩序感。或者，驻足于某一时空中，闲看花开，静看花落，冷暖自知，干净如始，让自然惊艳时光，温柔岁月。

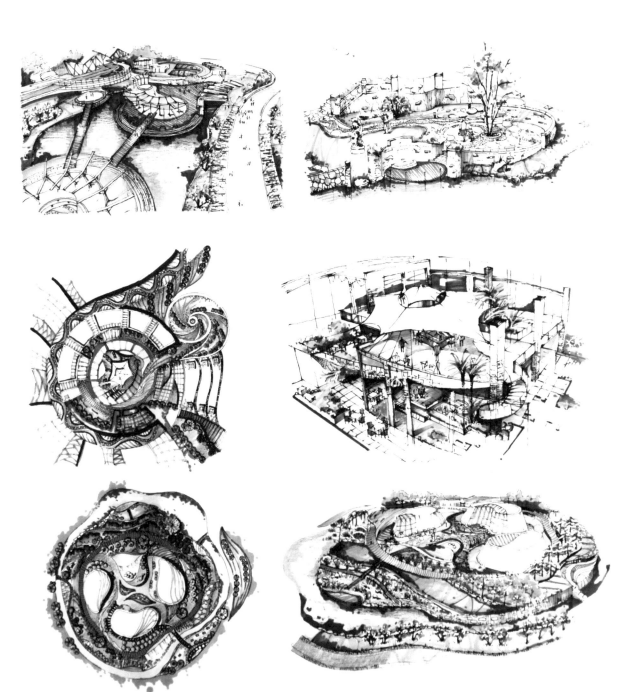

教师评语

该方案设计结构清晰，主次鲜明，入口空间的刻画细致到位，提出了"圆"即园的理念，以圆形为母题，组织整个公园，协调统一，立意新颖。建筑的设计流线感很强，并且很好地融进了景观元素。图面表达清晰丰富，马克笔运用得十分流畅，景观节点设计精致。

花田半亩——植物花卉主题公园

孙启真

标注

1. 入口圆形广场
2. 景观雕塑墙
3. 电瓶车游览车换乘
4. 停车场
5. 儿童活动中心
6. 千里花廊
7. 野炊露营地
8. 丘陵密林
9. 五彩花田
10. 客户服务部
11. 生态酒店
12. 水疗馆
13. 桃花流水
14. 花带
15. 花卉体验田
16. 温室花房
17. 格趣广场
18. 花卉博览中心
19. 生态岛
20. 阳光草坪
21. 休闲凉亭
22. 亲水平台
23. 健身乐园
24. 钢铁框架
25. 花鸟鱼虫市场

经济技术指标

规划用地面积	30.2 公顷
容积率	0.3
绿化覆盖率	86 %
道路用地	1.1 公顷
停车位	400 个

总平面图 1:1200

设计说明

本方案以"宁静、生态、体验"为核心理念，根据曹庄基地周边的滨水景观优势和花卉市场优势，着力打造集花卉博览、花卉交易、花卉培育、种花体验、生态湿地、野餐露营、健康休闲为一体的滨水植物花卉主题公园。

2010 级大三·主题公园设计案例

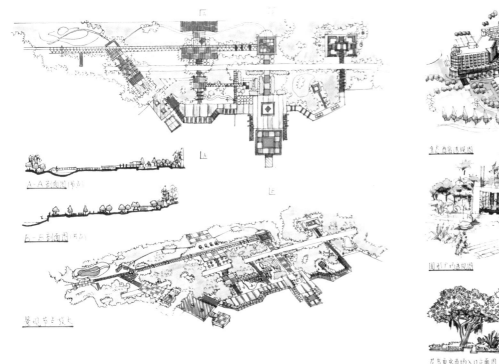

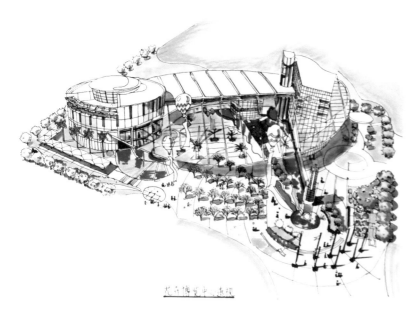

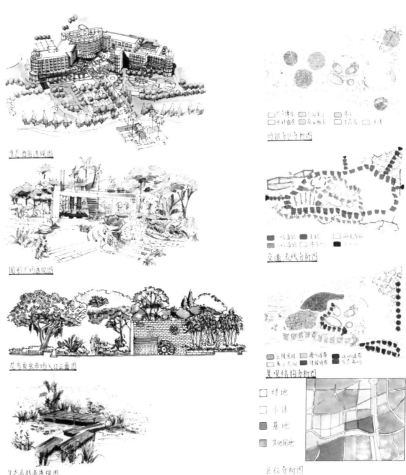

教师评语

该方案结构清晰，注重入口空间的营造，四个入口设计都较为精心，公园主环路虽稍有曲折，但仍很好地起到了连贯各功能区的作用，核心区设计未能更大化地利用水系景观，水岸之间的空间渗透与过渡还需深入。图面表达清晰，线条流畅。

天津市西青区曹庄子花卉市场地区公园景观规划快题设计

汪舒

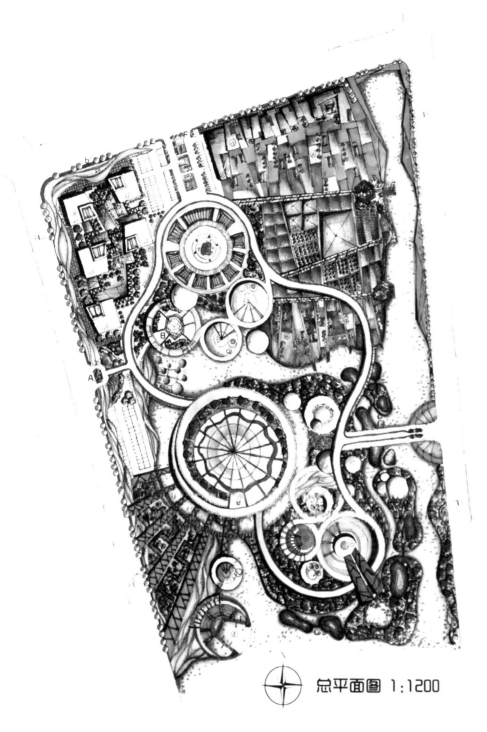

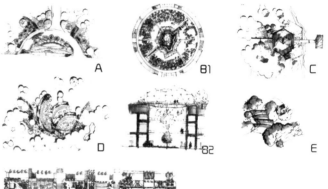

经济技术指标

总用地面积	28.9 公顷
建筑用地	5.6 公顷
容积率	19.3 %
公共绿地	22.2 公顷
绿地率	76.8 %
公园游人总量	4 000 人／天
游人人均所占面积	20.6 平方米
道路用地	1.1 公顷
停车位	126 个（地上）+300 个（地下）

总平面图 1:1200

设计说明

曹庄现状多为未开发荒地及老旧的大棚式花卉展卖区，停车不便交通混乱。设计将基地定位为城市生态休闲公园，面向城市的停车场安排在入口附近，园区内侧则用环保的电瓶车和大环路串联整个交通。环内为维持原展卖功能的商业娱乐区；临主干道为配套服务设施，方便地服务观赏休闲区；靠近南运河为生态湿地区。三大部分相辅相成，共同激发老花卉基地的活力，为市民的活动及游客的旅游提供崭新而有趣的空间。

2010级大三 · 主题公园设计案例

部分透视图

功能结构分析

a 丛林小道

b 弧顶建筑

c 湿地景观

d 林径小品

e1 中心螺旋建筑室内

f 观景小品

e2 中心螺旋建筑室外

g 花田俯瞰

入口接待区　　　　景观观赏区
商服旅馆区　　　　花卉展卖区
综合娱乐区　　　　老物休闲区
生态休闲区　　　　湿地保护区

教师评语

该公园定位为城市生态休闲公园，分区明确，以主要环路串联各主题区，景观元素设计别出心裁，刻画得十分精致。主要核心空间以圆形处理，不同直径的圆形元素形成了饶有韵味的趣味休闲空间，手法得当。图面表达清晰，马克笔运用纯熟。

军事主题公园设计

徐海林

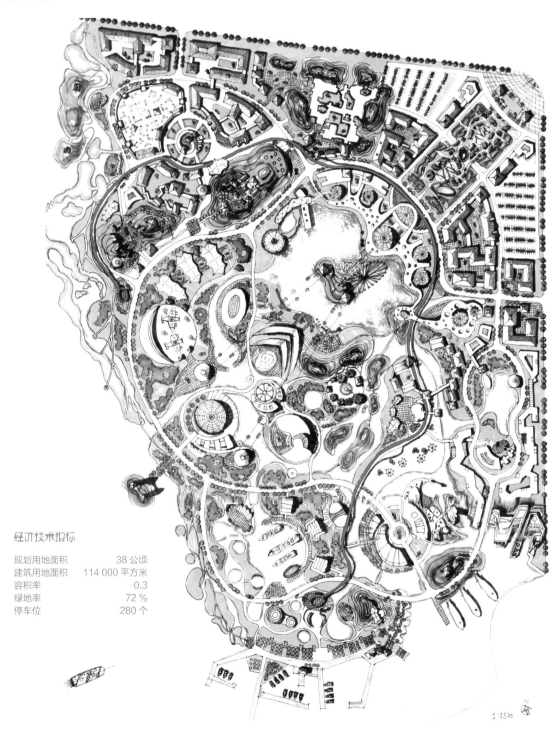

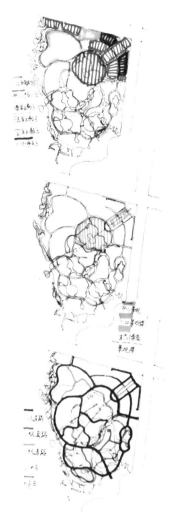

经济技术指标

规划用地面积	38 公顷
建筑用地面积	114 000 平方米
容积率	0.3
绿地率	72 %
停车位	280 个

1:1500

设计说明

本方案基地在天津东丽湖，以军事为主题展开设计，主要分为三个主题区，即海军主题区、空军主题区和陆军主题区，以体验和展示参观相结合，让游客在游玩的同时也能学到军事知识。真人 CS 战区、著名战役模拟区、设计训练中心、野战区、心理环境体验区、军事文明广场、战机模拟操作、伞兵突击、星球大战、未来军事武器区、战舰操作区、军事论坛岛、人工海滩、国防军事教育园、潜水湾等，均可让军事迷们亲身体验。

2010 级大三·主题公园设计案例

教师评语

该方案入口空间设计大气，营造了怡人的广场空间，从入口发射出的轴线上节点设计丰富，摩天轮的位置恰到好处，很好地起到了地标作用。建筑形式多样，现代流线型与古色古香并存，相融在丰富的景观设计中。图面表达十分丰富。该公园整体结构稍显混乱。

"松动空间"
——天津东丽湖湿地主题公园设计

杨琳

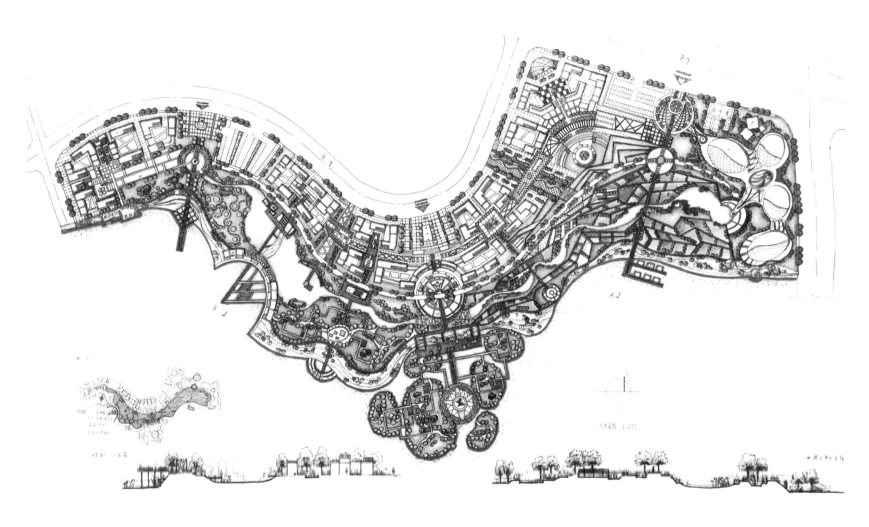

标注		经济技术指标	
1. 入口广场	12. 滤地	总用地面积	28.2 公顷
2. 湿地体验园	13. 净化展示台	建筑面积	18 050 平方米
3. 运动场	14. 眺望广场	容积率	0.08
4. 梯田滤床	15. 生物滤床	建筑密度	0.06
5. 湿地俱乐部	16. 湿地观测站	绿地率	75%
6. 停车场	17. 风情商业街	停车位	170 个
7. 生态村落	18. 水质体验馆	公园游人总量	4 000 人／天
8. 露天剧场	19. 湿地乐园		
9. 枝蔓栈道	20. 蓄水池		
10. 入口广场	21. 湿地科研所		
11. 活力广场			

设计说明

该方案旨在设计一座兼具湿地教育展示及休闲娱乐功能的主题公园，服务对象为东丽区及周边区域市民。该设计依托于东丽湖水景资源等优势，顺应地块肌理，营造一种放射状线性游览空间，景观节点通过线性空间串联成为一个紧密的整体。游客由高处到低处，沿着生态景观走廊，饱览生态梯田及湿地群落等不同于城市景观的"类乡村景观"，感受湿地公园的魅力，从而达到教育和游览的双重目的。沿街的生态村落及商业街更让人近距离地感受到节能节水的重要性。

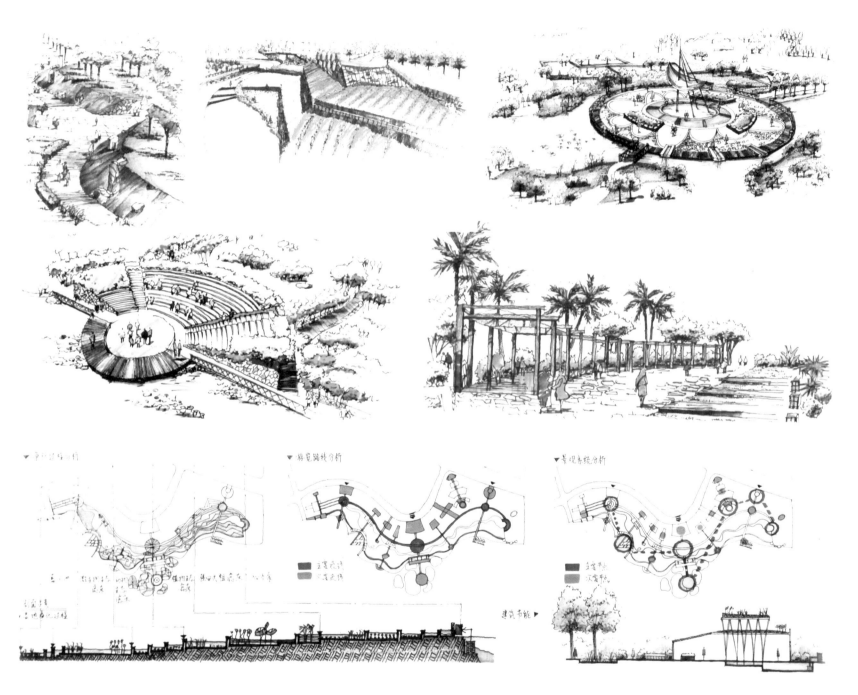

教师评语

该方案主题与服务人群明确，且兼具教育意义。通过线性空间串联各个节点，收放自如，张弛有度，使园区形成了一个统一的整体。方案结合地形设计，细节完整，效果图也较为准确地表达出了地形与景观结合的空间关系。用色沉稳大方，层次感较强，分析图表达清晰。

主题公园设计

袁园

标注

1. 主题街
2. 度假酒店
3. 年画展馆
4. 狂野过山车
5. 阳光剧院
6. 密室逃脱
7. 水景广场
8. 漕运遗迹
9. 植物露台
10. 极限蹦极
11. 表演广场
12. 植物迷宫
13. 戏水长廊
14. 4D 鬼屋
15. 电竞屋
16. 花海速降
17. 跑跑卡丁车
18. 古堡探险
19. 花房
20. 奇幻餐厅
21. 候车区

经济技术指标

公园面积	30 公顷
建筑用地面积	14 000 平方米
容积率	0.21
绿地率	80 %
游人数量	5 000~6 000 人 / 天

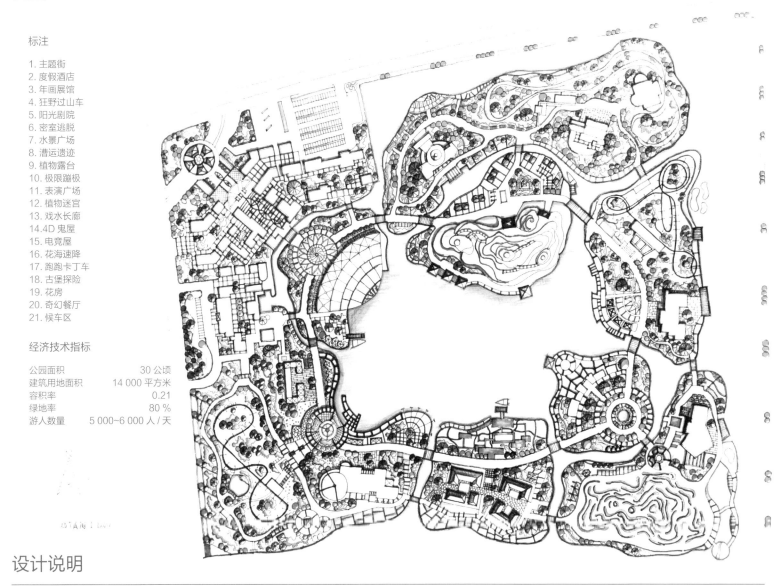

设计说明

该主题公园引入西方国家主题公园的刺激性，结合本地漕运文化以及西青区原有杨柳青年画元素，打造集娱乐、休闲与文化体验于一体的综合主题公园。
主题公园入口在西北方向，前区主要是服务、接待功能，并设有纪念品商店和餐饮服务区。在西侧临街的区域设有一度假酒店，酒店在接待游客的同
时也对外开放，酒店同时实行住宿游乐折扣的营销策略。

主题公园选址于原曹庄花卉市场，基地内有南运河流经，结合原有水系，挖掘新的水系贯通形成岛屿，从而自然地划分功能分区。

整个主题公园通过环湖主路组织，针对不同的年龄阶段设有不同的娱乐项目。

教师评语

方案平面布局以岛屿式开展，各个小岛由园区主路联系在一起，增强了水体与景观的互动，形成了自然的功能分区。

整体表达朴素大方，线条流畅，表达技巧娴熟。成果缺少全局或局部鸟瞰，不能更全面地从整体上展示园区的空间结构，使图面略显单薄。

文化中心——主题公园设计

张帆

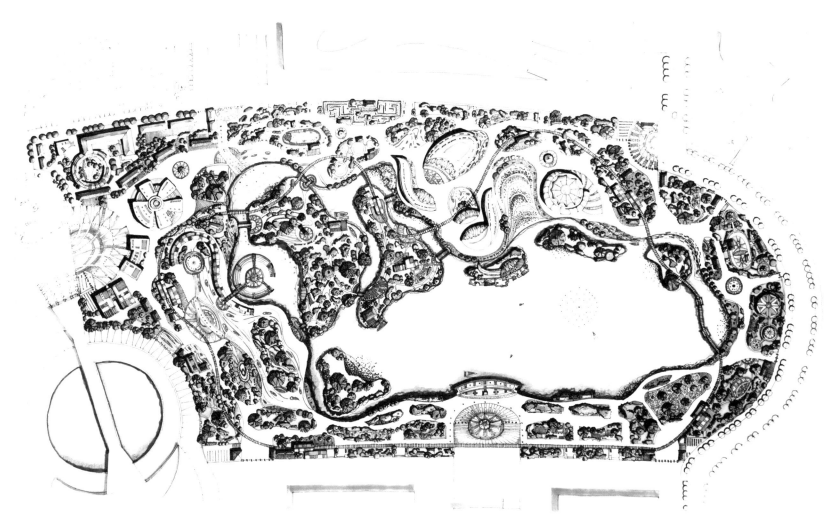

经济技术指标

总规划面积	32.8 公顷
建筑密度	4.8 %
容积率	0.094
绿化率	87 %
地下停车位	300 个
游人容量	5 470 人

设计说明

本设计充分结合现状地块——天津文化中心的地理位置优势以及交通优势，将公园定义为公共开放的封闭管理公园。设计具有以下特点：①设计时不以道路设计为基本手段，而是转换图底关系后，以绿地或项目为基本单元划分亚空间；②功能上环绕中心湖区形成文化展览、活力娱乐、公共活动、儿童游乐、水木展览以及自然休闲六大区域，各有特色，风景各异；③设计注重轴线、对景、高程变化等基本空间手法，考虑不同角度观景感受；④在主要流线上设置多个休息区和基本服务区域，同时，在有高程变化的地方设有缓坡或以缓坡代替台阶，方便儿童以及特殊人群。

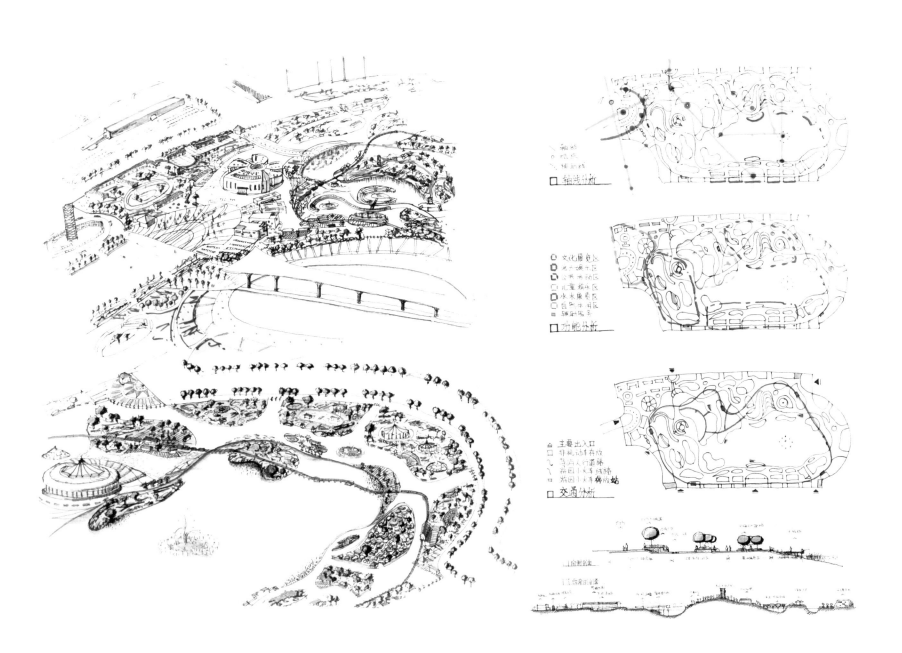

教师评语

本方案采用了自由式的布局，以各功能分区为基本单元进行了空间划分。建筑形态自由，竖向设计变化丰富，增加了游览的趣味性。图面色调清新淡雅，绘图手法熟练，表达技巧较为娴熟，使整个图面取得了较强的视觉效果。公园缺少具有鲜明特色的主题。

天津海河文化主题公园设计

邹春竹

设计说明

海河是天津的母亲河，也是城市建设的缩影。设计着眼于海河文化，为本土及外来游客打造一处集科普、休闲娱乐和运动为一体的户外场所，也使其成为天津面向世界的窗口，让更多的人了解海河，了解天津。本设计的主题红线由以下七个板块串联而成。

· 海河之源——公园的入口广场，以平坦的步道与"海河之魂"相连；
· 海河之魂——园区核心位置的水上广场，建有喷泉和园区制高点的雕塑；
· 海河之脉——为游客展示海河流经的京、津、冀等八个省市的风貌；
· 海河之昔——天津历史上有九个国家的租界区，"海河之昔"向游客展示这些租界国的街道、广场、建筑等文化；
· 海河之梦——结合园区中心水面，建设一系列休闲小品及草坪供人休憩；
· 海河之力——园区运动休闲场所，包括体育运动场地和儿童游乐设施；
· 海河之情——游客可在此区了解和体验相声、糖人、年画等天津的民俗风情。

经济技术指标

总用地面积	35.8 公顷
总建筑面积	42 900 平方米
容积率	0.12
建筑密度	8.2%
绿地率	84.3%
停车位	196 个
公园游人总量	0.4 万人 / 天
公园人均绿地面积	75.45 平方米

2010 级大三·主题公园设计案例

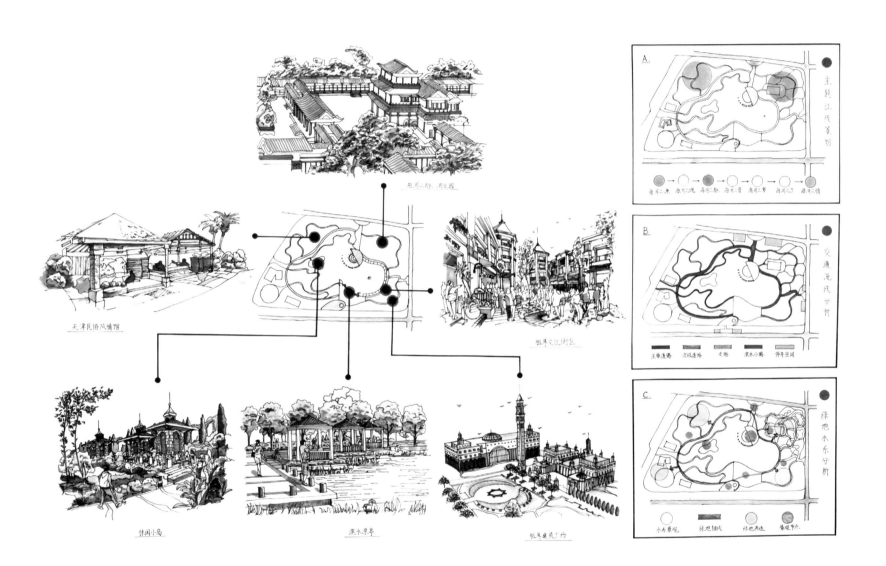

教师评语

方案规划结构清晰，主干路将各个功能组团串联起来，功能组团各具特色。方案整体收放自如，水面张弛有度，既有大面积的广阔水域，又有曲径流水的恬美意境。

整体图面表达较为完整，线条流畅，公园内大片绿化色调较重，与周边其他环境不相协调。

天津市文化中心主题公园设计

郭柳园

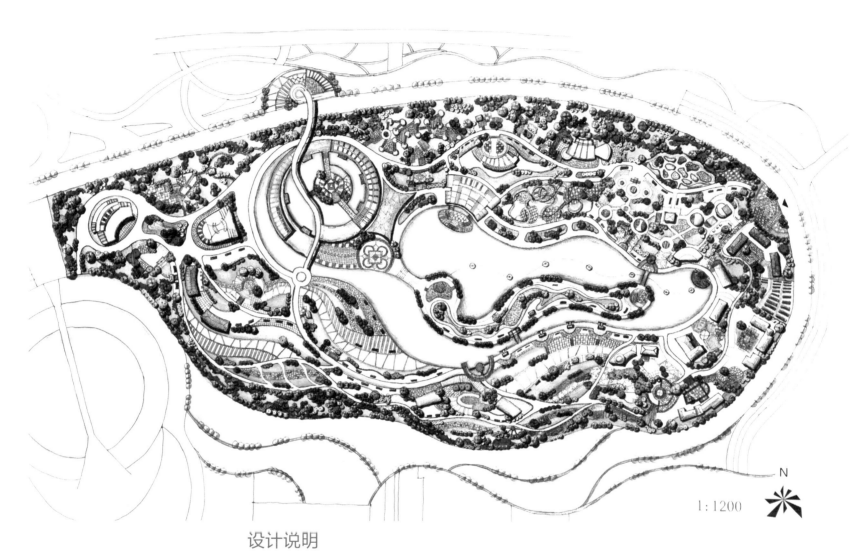

1:1200

N

设计说明

经济技术指标

总规划面积	1.98 公顷
建筑用地面积	8 118 平方米
建筑密度	4.1 %
容积率	0.08
绿化率	86 %
地下停车位	200 个
游人容量	3 334 人

此次主题公园设计从所在地块的周边环境及地块特征出发，以天津历史文化为依托，打造一个寓教于乐的多功能主题游乐园，同时也与文化中心的主题相契合，在给人提供游憩空间的同时展示天津独有的文化特色。

在项目设置方面，既有天津传统工艺展示区，又有天津独有的租界文化和漕运文化展示区。同时也兼顾了不同年龄层人群的需求，既有儿童游乐园，也有适于青年人的各类游乐设施，还有受中老年人青睐的各色观光园。

在设计方面，运用曲线的元素，合理组织流线和项目，动静结合，交叉设置，中间蜿蜒的水流可供人们驻足欣赏，室内外场馆与场地有机结合，提供了不同的游乐体验。

2010 级大三·主题公园设计案例

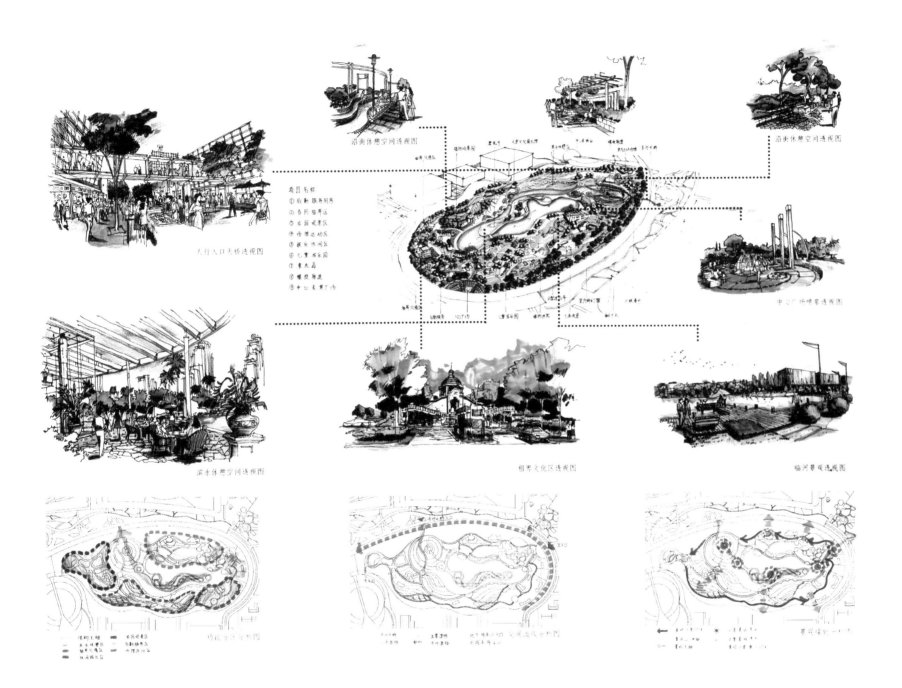

教师评语

该方案设计思路清晰，结合周边环境，考虑了不同年龄段人群的需求，图面表达清晰，线条流畅，曲线优美，利用曲线元素很好地将地块串连成了一个整体，节点设置精细丰富。马克笔运用纯熟，颜色协调。

花间·水畔——天津曹庄热带植物主题公园设计

周云洁

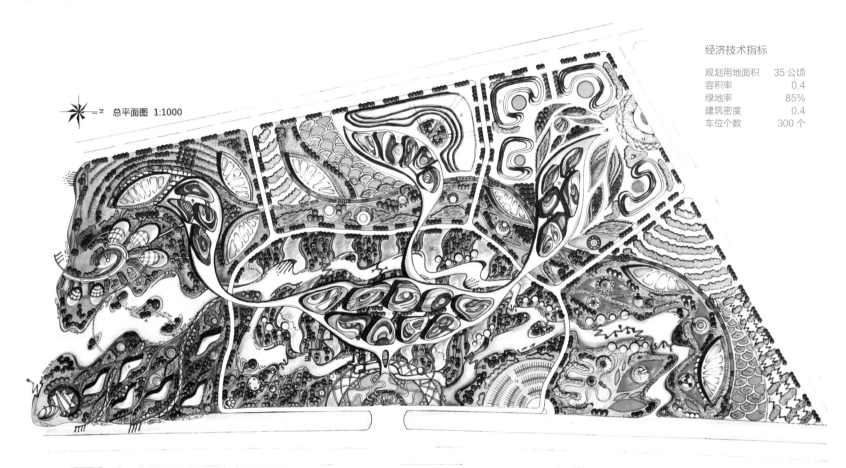

総平面图 1:1000

经济技术指标

规划用地面积	35 公顷
容积率	0.4
绿地率	85%
建筑密度	0.4
车位个数	300 个

标注

1. 湿地花卉培养区	15. 天津特色花卉展销	29. 旋转马车
2. 花田	16. 餐饮购物	30. 转转机
3. 香蕉体验馆	17. 儿童科普馆	31. 休闲小亭
4. 花园广场	18. 3D 影像馆	32. 摇摆锤
5. 滨水小岛	19. 科普区广场	33. 趣味飞车
6. 果林采摘基地	20. 纪念品贩售	34. 停车场
7. 温室大棚 1	21. 实验田	35. 花丛体验
8. 温室大棚 2	22. 采摘园	36. 树林
9. 花卉相关文化展示	23. 观赏花田	37. 热带植物展示馆
10. 花卉贩售区	24. 室内娱乐馆	38. 环园小火车
11. 实验田	25. 旋转飞车	
12. 纪念品贩售	26. 空中滑翔	
13. 观赏花田	27. 纪念品贩售	
14. 花田广场 + 步道	28. 趣味升降机	

设计说明

本设计选址于天津市曹庄花卉市场，结合基地滨水特色，引入湖区，成为湿地花卉培养基地。公园内分热带植物展示区、主题花卉文化区、科普与娱乐区，旨在打造新型认知游玩一体化的特色公园。各分区主体建筑由一个大平台连接，让游客方便到达各个分区。造型新颖独特的设计想必能为游人带来不同寻常的游园体验。

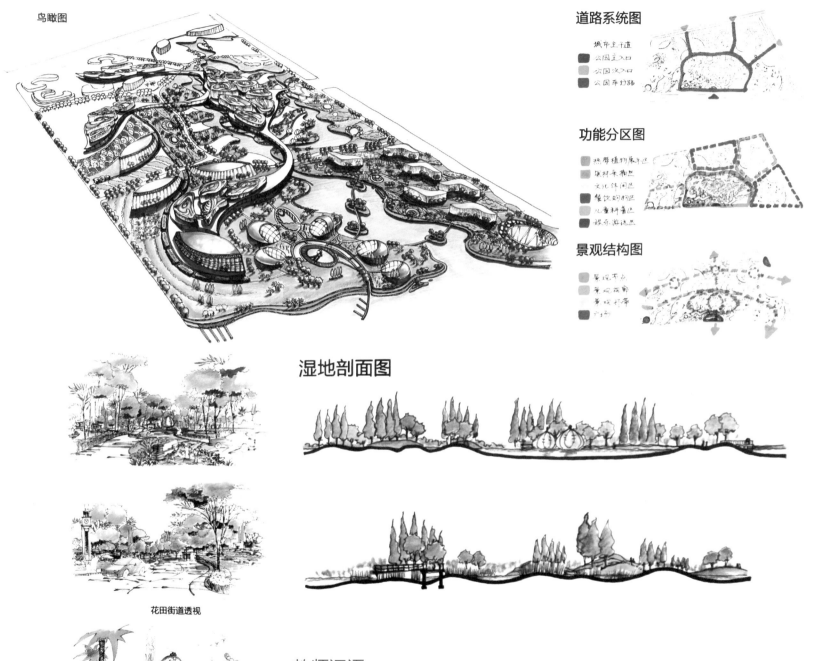

鸟瞰图

道路系统图

城市主干道
公园主入口
公园次入口
公园车行路

功能分区图

热带植物展示区
果树采摘区
文化休闲区
餐饮购物区
儿童科普区
娱乐游玩区

景观结构图

景观节点
景观视廊
景观轴带
广场

湿地剖面图

花田街道透视

主入口透视

教师评语

方案整体感较强,分区明确,规划结构清晰,各分区通过主体建筑连接,造型新颖,形成了丰富的游园体验。

用色大胆新颖,鸟瞰图角度的选择较为经典,表现了园区的整体空间结构。效果图与平面图、鸟瞰图配色统一,马克笔使用熟练。

主题公园设计——天津文化中心地块

林川人

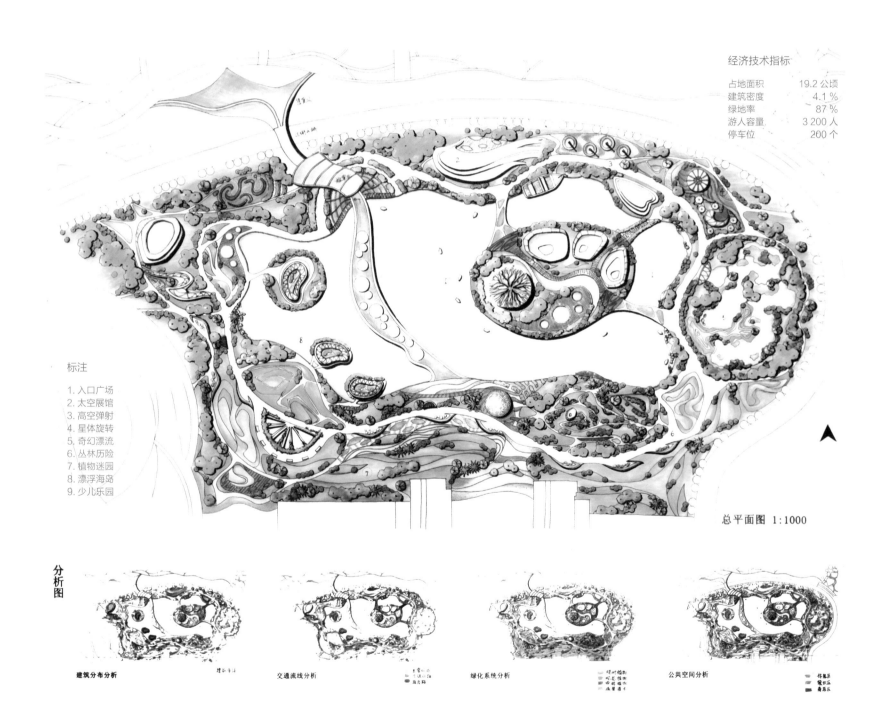

经济技术指标

占地面积　　　19.2 公顷
建筑密度　　　4.1 %
绿地率　　　　87 %
游人容量　　　3 200 人
停车位　　　　200 个

标注

1. 入口广场
2. 太空展馆
3. 高空弹射
4. 星体旋转
5. 奇幻漂流
6. 丛林历险
7. 植物迷园
8. 漂浮海岛
9. 少儿乐园

总平面图 1:1000

分析图

建筑分布分析　　　　　交通流线分析　　　　　绿化系统分析　　　　　公共空间分析

透视表现图

1. 漂流岛透视

2. 漂流岛透视

3. 丛林历险一角透视

4. A-A剖面图

6. 漂浮海岛鸟瞰图

5. B-B剖面图

设计说明

本次快题设计是在天津文化中心与科技馆之间设计一座主题公园，以进一步丰富市民的休闲娱乐活动。考虑到基地核心的文化区位，本次设计充分利用了现有的宽阔水面并结合周边现有科技文化因子构建一座以太空探索为主题、以环水游乐为时序的体验型城市公园。园区内围绕水面依次设置了游乐区域，不仅组织了动静有序的活动项目，更是隐喻了人类与太空的关系，经历开天辟地的认知一迷茫惊险的探索一未来城市的畅想的发展脉络。而中央人工岛以生命之树为核心成为整个公园园区的视觉焦点。

通过本次设计，基地将不仅是承接现有公共文化服务的疏散地，还将成为一个新的触媒点，丰富城市核心文化区的内涵。

教师评语

该方案结构清晰，路线组织流畅，注重入口空间与核心节点的联系，现代元素气息浓厚，立体且富有变化，公园建筑物及构筑物很好地融入了景观，设计浑然天成。离岛的设计也别出心裁，与水景很好地结合。图面表达清晰，线条流畅。

2010 级大四快题·南平浦城县城城市设计

Chapter two

■ 规划设计目标　　TARGET

本次设计选址位于浦城县城的南浦组团。其为浦城县集行政办公、商业金融、文化娱乐、信息、会展、体育和居住为一体的综合中心。设计要求自选 30 ~ 50 公顷城市重点片区进行城市设计，包含商业、文化、绿地和居住等综合功能。

南平浦城县城城市设计 选址

成果要求 DEMAND

1. 主要图纸要求

规划总平面图：1/2 000，注明主要建筑的类型、层数，简要的设计说明（≤ 300 字）和主要经济技术指标。

规划方案分析图：功能结构分析、道路交通分析、绿化景观分析及其他必要的分析图，比例自定。

方案表现图：整体鸟瞰或重点局部透视。

2. 表现方式

以墨线淡彩表达，工具和表现方式不限，徒手绘制于指定图纸上。

浦城梦笔新区公园地块城市设计

班培颖

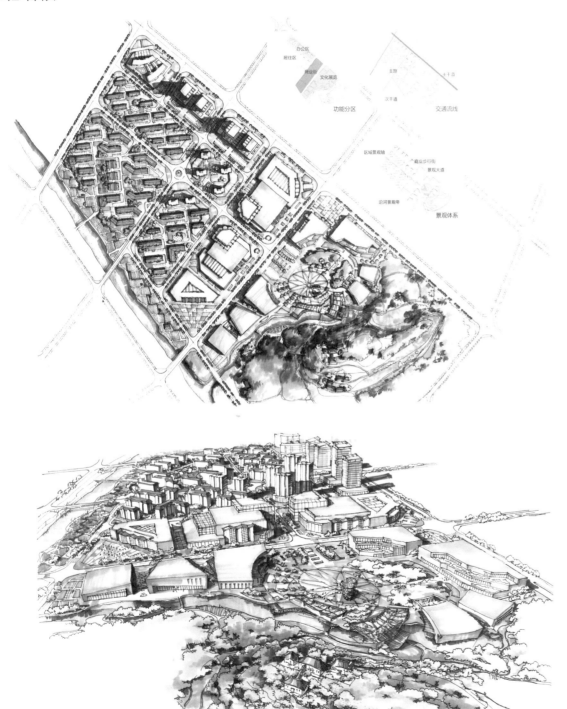

设计说明

本次快题设计选址于梦笔笔山公园北侧，紧临梦笔山和马莲河，规划未来将建设为浦城县城的商业中心和文化中心。本设计在梦笔山北面结合自然条件，保留原有水渠，由图书馆、剧院、影院建筑围合成市民广场，并在对面布置大型商业建筑。沿梦笔大道布置办公建筑，在城市入口营造良好形象。地块西侧布置以多层住宅为主，搭建少量高层的居住区。沿河构建步行景观带，设计采用原有农田肌理。

教师评语

本方案规划结构清晰，功能布局明确合理，空间组织主次区分得当，交通顺畅。在核心景观的处理上技法娴熟，形成较好的围合感，并成功地将河流和功能区域相结合，使水体环境向街区内部渗透。鸟瞰角度较为适宜，能够很好地表现规划方案的布局，具有纵深感。颜色搭配得当，效果较好。

山外有山

敖子昂

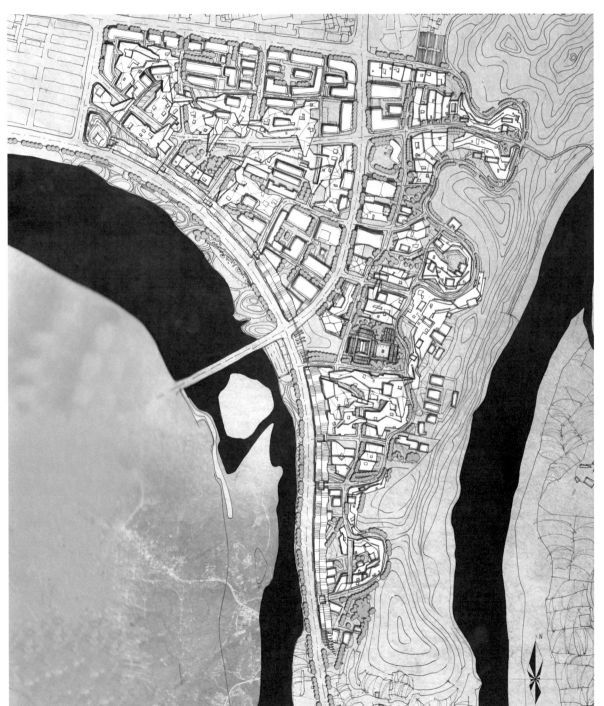

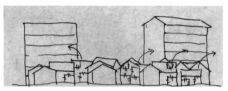

经济技术指标

总用地面积	33.7 公顷
绿化率	17 %
建筑密度	45 %
容积率	1.8

设计说明

文化的传承

（1）浦城城墙。浦城自古就是中原入闽第一通道，是福建重镇。据浦城县志记载，浦城筑城自汉建元年间至今，已有 2 150 多年。在元、明、清三代，曾 6 次大规模修筑城墙，用于防洪和加强防务。

（2）崎岖的盘山道。浦城被群山环绕，在周边的山麓上有很多登山的小径，对山间劳作的居民来说这些登山道集聚着浓厚的回忆。在新建的建筑屋顶重现了盘山路的意境。

（3）传统民居的天井。规划区内有很多老旧的传统居住单元，在对传统空间的保留中，特意留意了天井开放空间的组织形式，在建筑更新的过程中得到了传承，希望延续以往的居住模式。

2010 级大四快题·南平浦城县城城市设计

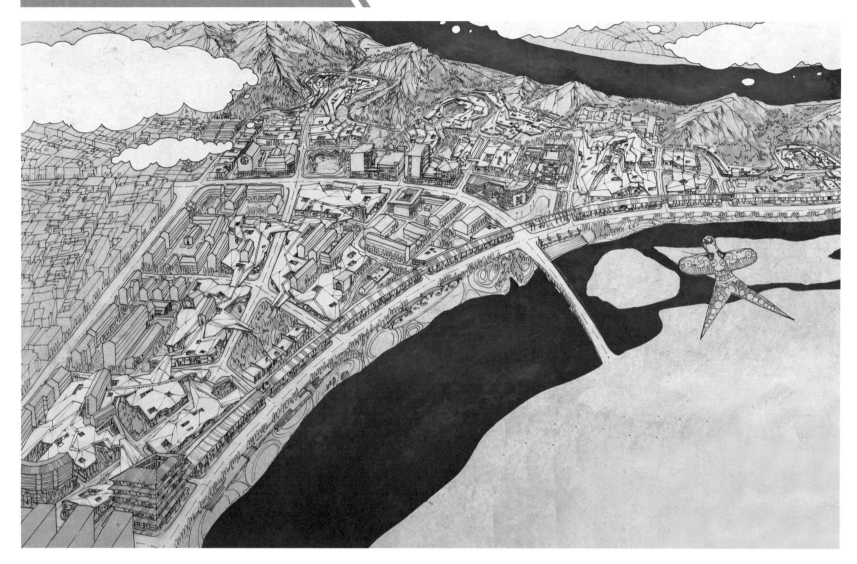

主干路
次干路
支路

商业服务
行政办公
历史文化
居住区

绿带
景观路
开放空间广场

教师评语

本方案整体结构清晰，建筑空间组合与布局考虑充分，与地形和历史结合较好，设计较为大胆。但是规划结构上稍显松散，缺少聚合。

图纸表达上独辟蹊径，效果较好，体现了绘图者深厚的手绘功底，整体上简洁大气。鸟瞰图效果突出，能够很好地表达作者的设计意图。

浦城城南商业文化中心设计

白文佳

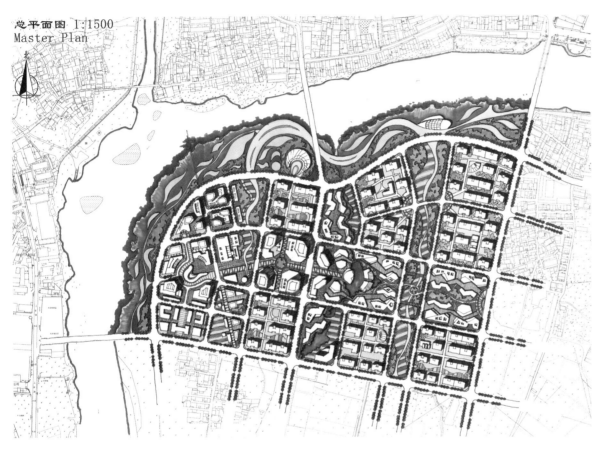

总平面图 1:1500
Master Plan

鸟瞰效果图
aerial view

设计说明

浦城县中心城区居住条件、居住建筑质量偏低，高密度建设导致公共空间缺乏，缺少集中的商业和办公用地以及城市绿地。因此本方案着重解决提升居住环境质量，通过一条商业主轴、三条垂直方向的绿洲和一条沿河景观绿带建设公共的商业空间和绿地空间。

教师评语

本方案规划结构明确，轴线表达清晰，中心景观突出，商业主轴建筑形态丰富，弥补了本区域商业服务缺乏的现状。三条绿轴将滨水景观引入基地内，丰富了空间结构。

表达内容丰富，总体上深度把握较好，鸟瞰角度选择较好，清晰地表达了方案的空间结构。表达技巧娴熟。

福建省南平市浦城县梦笔新区地段设计

陈恺

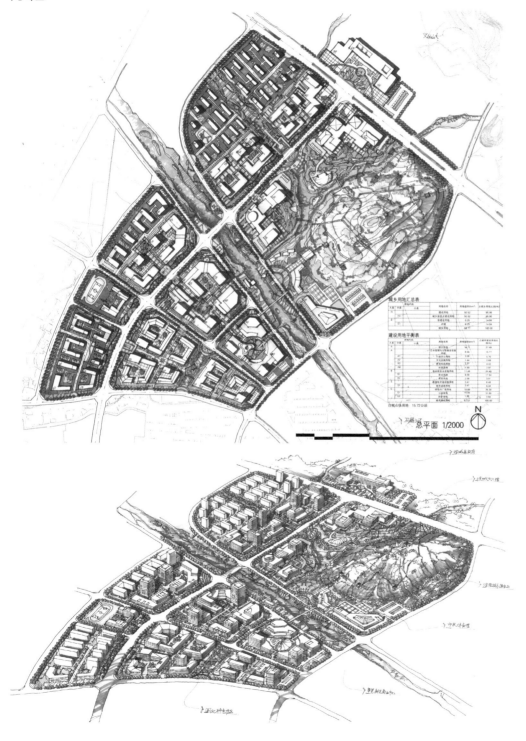

总平面 1/2000

设计说明

梦笔新区地段在区位上靠近国道205，地块内部有梦笔山、义从山两座自然山体，马莲河等景观要素，还有古码头历史遗迹。由此，此次设计旨在恢复自然山体的景观属性，为未来举办相关活动提供可能性，激活梦笔山片区的吸引力，成为浦城县县城的文化休闲中心。在景观要素方面，划定自然山体和水系的控制边界，并利用其优势，向各个功能片区渗透。

教师评语

本方案功能布局明确，建筑选型统一而富于变化，单个街区的空间处理到位。围绕山体的区域开敞空间较少，东北部的轴线说服力略显不足。

在快题表现的技法方面，线条娴熟，颜色大胆不拘一格，但应注意层次区分。鸟瞰图绘制较为细致，远处区域可适当虚化。

福建省南平市浦城县中心城区梦笔片区重要节点城市设计

郭陈斐

总平面图　0 25 50 100

梦笔山公园

鸟瞰图

设计说明

本次规划选取梦笔组团的核心地区，规划总面积33公顷。规划利用梦笔山这一具有特殊文化历史意义的山体，塑造梦笔山公园为组团中心，拟打造浦城县城的文化中心与商业副中心，完善图书馆、博物馆等文化设施的配套，建立具有城市特色的门户形象。

重点将梦笔大道打造为主要的迎宾大道，加强其贴线率控制。新建居住小区以多层及小高层为主，注重生态环境，打造高品质的生态居住小区，增加梦笔组团的吸引力。

教师评语

本方案功能布局分区明确，东南部公共空间设计到位，建筑与景观富于变化，空间形态较为活泼，软硬的结合相得益彰。但是三个街区之间关系处理不够清晰，缺少一定的呼应。

本方案在表现上线条成熟，色彩较为雅致简洁，整体上效果突出。

福建省南平市浦城县梦笔新区地段设计

王祎

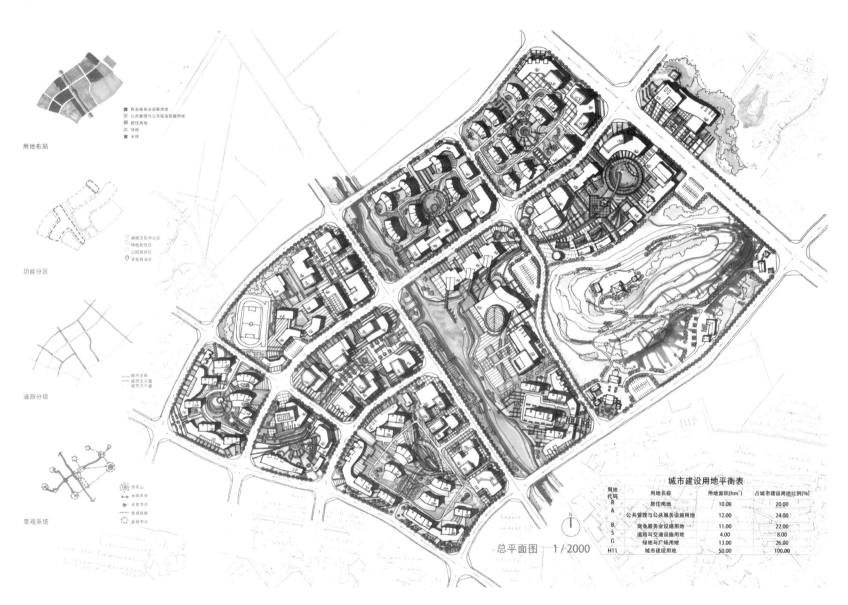

用地布局

■ 商业服务业设施用地
▨ 公共管理与公共服务设施用地
▨ 居住用地
▨ 绿地
■ 水体

功能分区

○ 浦城文化中心区
○ 特色居住区
○ 公园游憩区
○ 梦笔商业区

道路分级

—— 城市支路
—— 城市主干道
城市次干道

景观系统

◎ 梦笔山
↔ 水体景桥
◉ 水景节点
□ 景观视廊
◠ 景观节点

总平面图 1/2000

城市建设用地平衡表

用地代码	用地名称	用地面积(hm²)	占城市建设用地比例(%)
R	居住用地	10.00	20.00
A	公共管理与公共服务设施用地	12.00	24.00
B	商业服务业设施用地	11.00	22.00
S	道路与交通设施用地	4.00	8.00
G	绿地与广场用地	13.00	26.00
H11	城市建设用地	50.00	100.00

设计说明

基地内部有梦笔山、义从山自然山体和马莲河等自然景观要素，此次快题设计着重恢复自然山体的景观核心作用。在土地利用方面，将基地定义为浦城文化娱乐中心，配以商业服务业和不同层次的居住组团，带动片区活力。

2010 级大四快题 · 南平浦城县城城市设计

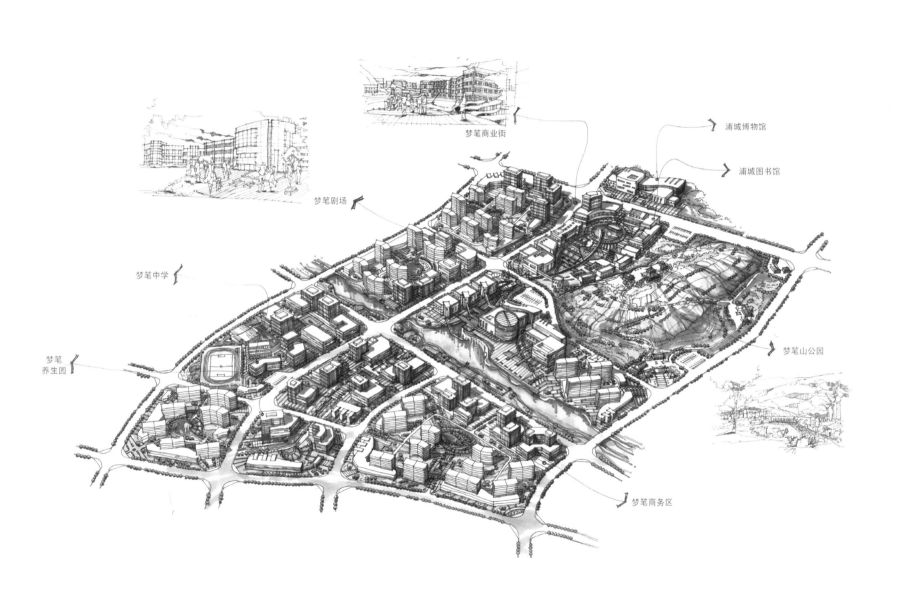

梦笔商业街

浦城博物馆

浦城图书馆

梦笔剧场

梦笔中学

梦笔养生园

梦笔山公园

梦笔商务区

教师评语

方案充分结合了自然山体和河流景观，通过将河流引入街区内部形成了宜人的滨水休闲空间，增加了生态属性。各组团功能结构明确合理，组团之间形成了良好的空间关系。

鸟瞰图刻画细致丰富，建筑错落有致，图面表达技巧娴熟，表达内容丰富多样。

浦城城区水南片区改造设计

徐玉

经济技术指标

总用地面积	34 公顷
总建筑面积	442 000 平方米
建筑密度	26 %
容积率	1.4
绿地率	35 %

N
0 50 100   200m

设计说明

规划区域位于浦城老城区水南区域内，现状条件较差，适宜大面积拆除重建。该片区有优越的景观资源和交通资源，位于南浦溪由南至北向东蜿蜒的河湾内，隔河相望的是浦城中心城区的中部地段，规划中的主干道路增加了该片区的可通达性。故将此打造成城区南浦溪以南片区的核心地段，主要布置条件优越的居住小区、沿河商业服务业带、文化活动聚集区以及沿河滩开放性公园，作为承接中心城区向西发展的重要片区。

教师评语

方案整体结构较为明确，组团划分清晰。通过规划一条斜向轴线与对岸老城形成了较好的对景关系，东部的南北向轴线将滨河景观引入基地，但轴线收尾欠佳。

色彩简单大方，鸟瞰图角度的选取充分表达了滨水环境和主要轴线。

浦城老城区水南片区旧城改造设计

张馨文

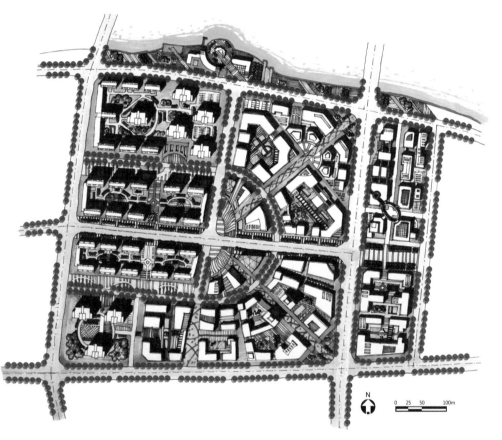

经济技术指标

总用地面积	32 公顷
总建筑面积	358 600 平方米
容积率	1.1
绿地率	36 %
建筑密度	24 %

设计说明

本设计以水南片区东部为设计基地，对其进行城市设计。该地域位于南浦溪以南东部地区，有较好的自然资源与景观，与中心城区隔河相望。但基地内多为老旧住房，故将其拆除进行城市设计。方案空间布局为"两横一纵一环一中心"，以居住、商业商务、文化娱乐为主要功能。沿河设计滨河景观，打造亲水、亲自然的休闲公园，基地中部东西贯穿一条景观轴线，由居住区、商业街通往核心文化娱乐中心。纵向东部集中发展商业，打造城市副中心。"一环"作为居住、商务、文化娱乐的连接纽带及过渡，环绕文化娱乐中心。通过设计最终实现水南片区的大力发展、成为城市副中心的目标。

教师评语

中间道路组织为半环形，采用了向心式布局，与周边地块共同组成了方圆结合的方案基调。向心式的建筑组合形式丰富，强调了大的空间结构。

图面色调沉稳，要素丰富，整体效果较佳，鸟瞰角度较为经典，但色彩较为单一。

梦笔片区文化中心快题设计

亢梦荻

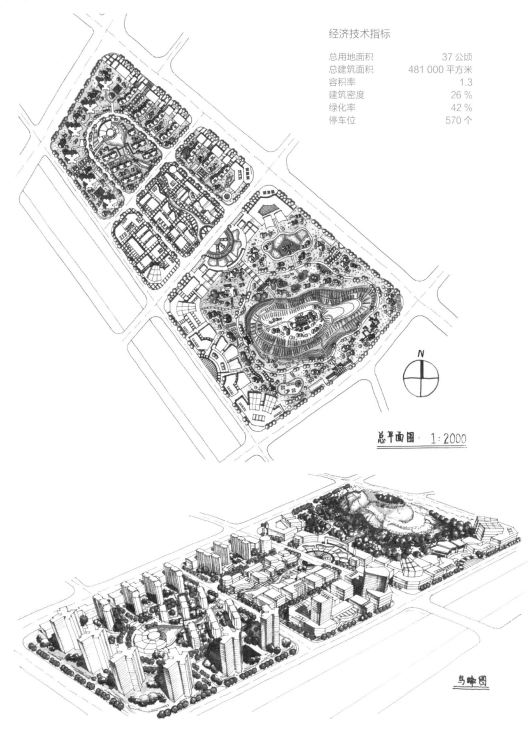

经济技术指标

总用地面积	37 公顷
总建筑面积	481 000 平方米
容积率	1.3
建筑密度	26 %
绿化率	42 %
停车位	570 个

总平面图   1:2000

N

鸟瞰图

设计说明

本设计基地位于浦城县城梦笔片区，以区域的公共性为目标，致力于打造为老城区补充和配套的县城文化中心和商业中心。规划面积 37 公顷，共分为文化中心区、商业区、居住区三个功能区。

规划设计以梦笔山为景观核心，以中间水系为空间主轴连接梦笔山、文化区和居住区，同时形成导向梦笔山的景观视廊，建构都市文化中心区的山水意象。沿马莲河一带规划为商业街，结合梦笔公园、酒店商住和居住区的设计，将丰富的河岸景观呈现给公众，打造宜人的公共河岸空间。

交通系统方面，将车行交通设置在核心区外围，结合居住区的内部 U 形路网，避免穿行公共区域。人行道路与景观轴线相结合，形成以文化中心区为核心的一轴三带结构。

教师评语

本方案规划结构清晰，功能布局合理，交通组织流畅，充分考虑了居住区的需要。同时围绕绿地开放空间组织了文化建筑，通过轴线将各功能片区场地联系在一起，形成有机整体。但是轴线处理上可进一步优化。

鸟瞰图整体上较好地体现了方案的空间布局，以高度控制的不同区域分区明确，整体性较强。

浦城中心城区组团梦笔快题设计
——碧水丹山梦笔文化主题公园

李悦

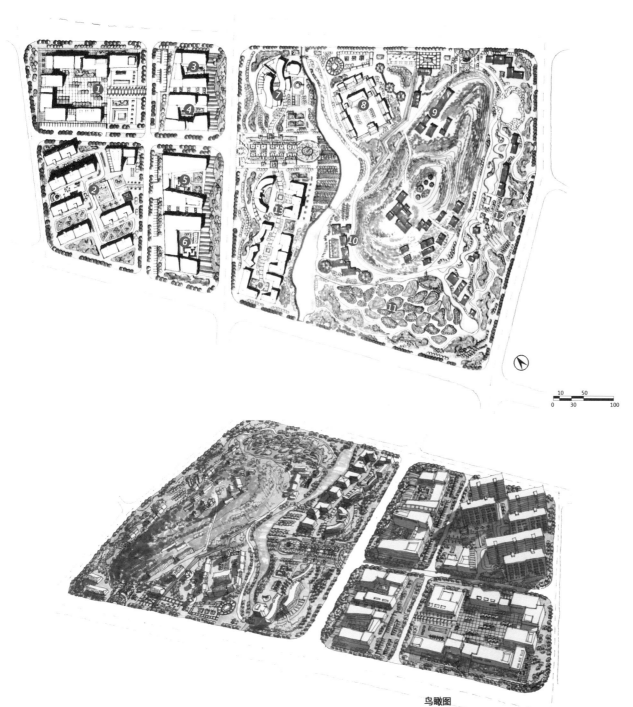

鸟瞰图

标注

1. 购物广场
2. 居住组团
3. 展览馆
4. 博物馆
5. 美术馆
6. 图书馆
7. 市民俱乐部
8. 等觉寺
9. 茶社
10. 山隐小寺
11. 田支园
12. 市民文化站
13. 旅馆街

设计说明

设计选址于福建省南平市浦城中心城区梦笔组团，本方案设计旨在打造一个承接浦城传统文化的新型文化中心。基地内现状有沟渠，将之合并整改为梦笔河，与马莲河交汇。以梦笔河为界，东侧围绕梦笔山，复建了等觉寺，改造旧有建筑并赋予其商业、行政等功能。西侧均为新建建筑，具有商业、公共服务以及居住功能。

教师评语

本方案规划结构清晰，功能布局较为合理。东侧地块的建筑散布式布局虽然考虑了地形因素，但是布局上较为松散，建议适当集中。滨水的开放性可以结合建筑布局进一步提高。

本方案景观设计细致，街区内的建筑组合统一中富于变化。鸟瞰的角度可以稍做调整，以更好地体现设计意图。

兴华路商业氛围营造设计

孟令君

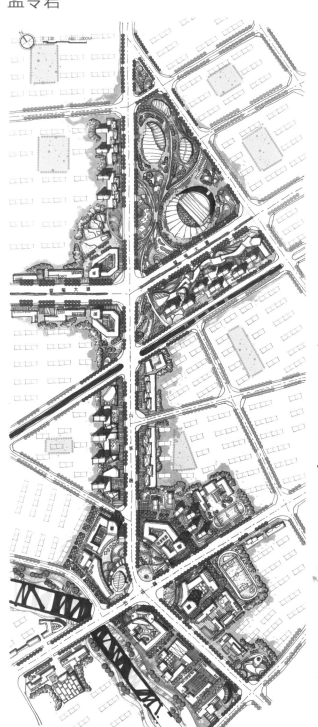

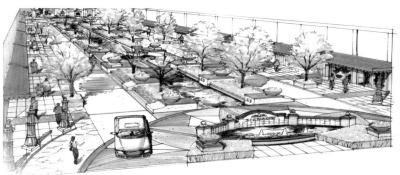

月桂河北路道路效果

五一三路道路效果

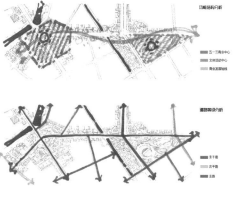

功能结构分析

道路等级分析

功能结构分析

设计说明

本次城市设计的地块位于贯穿中心城区的兴华路上。北侧至南浦北路，南侧至南浦溪南岸。城市设计范围为 33.4 公顷。兴华路作为贯穿城市中心区的重要交通线的同时，也是重要的商业轴线。西连梦笔，东近仙楼，南接水南，北靠荣华。设计地块正位于中心城区的中心地段，起着联系各个区域的重要连接作用，同时也是城市风貌的重要表现地。

根据一系列的现状分析可以看出，兴华路的现状比较零散，街道界面的连续性及空间感受均有待提高。同时作为城市重要的商业轴线之一，商业气氛的营造至关重要。这也是此次城市设计中的重点。

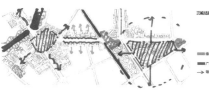

鸟瞰图

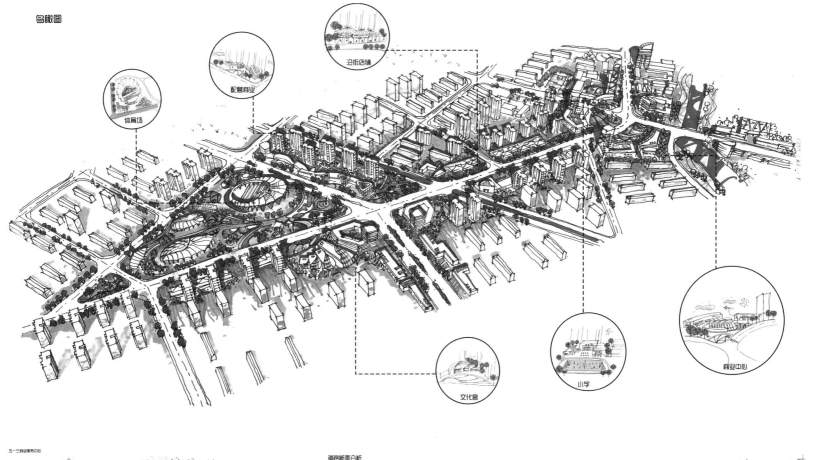

五一三商业服务中心

道路断面分析

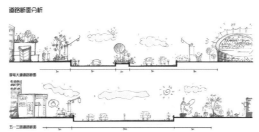

兴华路街道空间

教师评语

该方案从城市界面和城市功能需求的角度出发，切中问题，通过界面控制有效解决了原有现状零散问题。各片区空间设计细致到位，重点区域建筑形态组合得当，主次分明，体现了作者良好的空间组织能力。

在图面表达上，构图饱满充实，色彩明快。分析图纸详尽，可读性较强，能够很好地表现作者的设计意图。

梦笔组团行政文化中心快题设计

孙效东

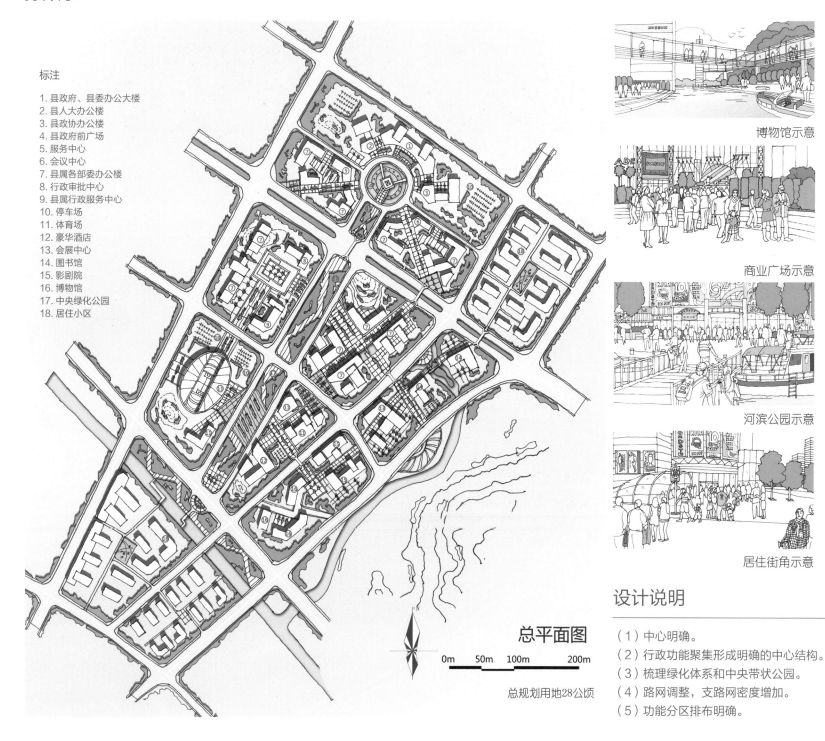

标注

1. 县政府、县委办公大楼
2. 县人大办公楼
3. 县政协办公楼
4. 县政府前广场
5. 服务中心
6. 会议中心
7. 县属各部委办公楼
8. 行政审批中心
9. 县属行政服务中心
10. 停车场
11. 体育场
12. 豪华酒店
13. 会展中心
14. 图书馆
15. 影剧院
16. 博物馆
17. 中央绿化公园
18. 居住小区

博物馆示意

商业广场示意

河滨公园示意

居住街角示意

总平面图

0m　50m　100m　200m

总规划用地28公顷

设计说明

（1）中心明确。

（2）行政功能聚集形成明确的中心结构。

（3）梳理绿化体系和中央带状公园。

（4）路网调整，支路网密度增加。

（5）功能分区排布明确。

2010 级大四快题 · 南平浦城县城城市设计

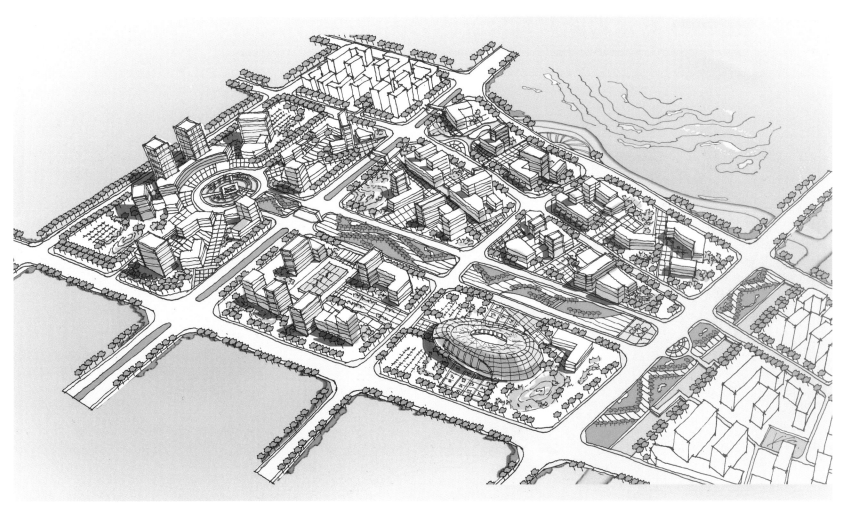

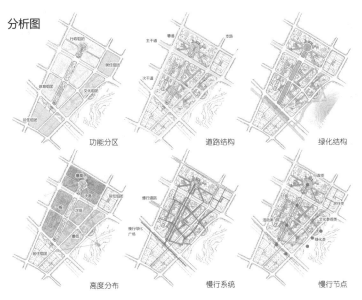

分析图

功能分区　　道路结构　　绿化结构

高度分布　　慢行系统　　慢行节点

影视剧院示意

图书馆示意

教师评语

本方案规划结构清晰，以绿轴统筹各地块间的联系，并通过次轴线打通通向河流的通道，与河道景观之间形成较好的联系。功能布局合理，交通顺畅，各地块可达性高，能够较好地满足需求。但从鸟瞰图上来看，南部的建筑高度在组合上稍显凌乱。

画面整体上色调统一和谐，建筑刻画细致，线条处理到位，体现了作者较好的美术功底。

碧水丹山——福建省浦城县梦笔山公园地块城市设计

汪舒

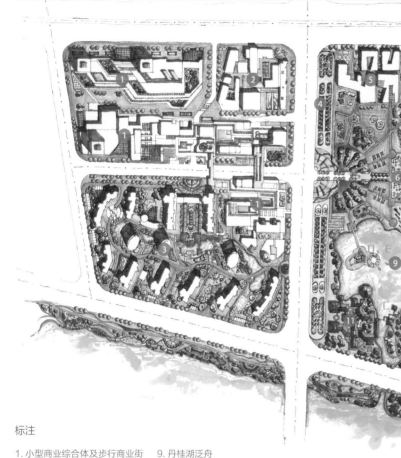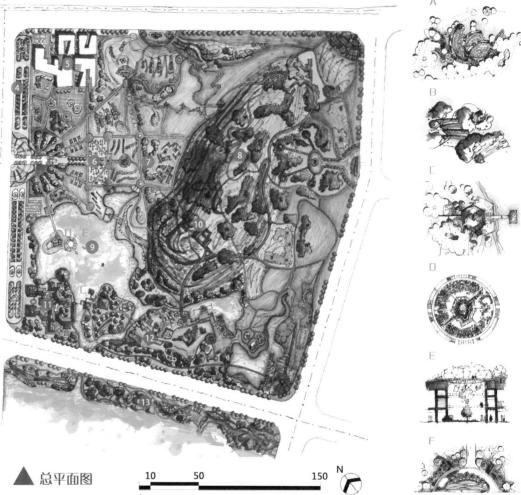

标注

1. 小型商业综合体及步行商业街
2. 青少年宫及文化馆
3. 梦笔小区
4. 丹桂步道
5. 浦城县剧院
6. 梦笔广场之雕塑区（江淹雕像）
7. 梦笔广场之闽派文化展览墙
8. 梦笔山盘山步道
9. 丹桂湖泛舟
10. 古等觉寺
11. "梦笔一夜"旅游体验宾馆
12. 浦城县民俗博物馆
13. 马莲河滨河带状公园

经济技术指标

总用地面积	37.8 公顷
总规划建筑面积	7.65 公顷
规划住宅总建筑面积	3.9 公顷
规划容积率	2.02
规划绿地率	45 %
规划总用户数	400 户
停车率	0.9 辆 / 户
规划区平均建筑密度	10 %

▲ 总平面图

10   50   150
0   N

设计说明

本设计旨在对浦城县近期重点建设片区——梦笔山公园片区进行概念性规划。上位规划中提到浦城县委县政府搬迁工作，新址即隔梦笔大道与本地块相望，并与浦城一小、三中校址临近。因此地块中应为办公人员、学生群体配套各类较高密度商务建筑、居住小区以及文化娱乐建筑。同时应梳理整治现状道路，方便京台高速、国道线与老城区的交通联系。

此外，地块自然条件呈现水绕山河的态势，以梦笔山及附属绿地为核心，具有相当高的历史文化与绿色生态价值，适宜打造辐射半径较广的全县域绿色生态文化公园。

图底关系分析

道路等级分析

功能分区分析

开放空间分析

教师评语

本方案功能分区明确，整体上分成了两大区域，各有特点。设计表达上，颜色明快饱满，景观处理到位，设计较为细致。

规划结构上不甚清晰，东西两部分空间割裂，对于东侧绿地公园的呼应考虑不足。建筑形态稍显细碎，界面处理上可以稍做提升。

福建省南平市浦城县中心城区改造设计

熊毅寒

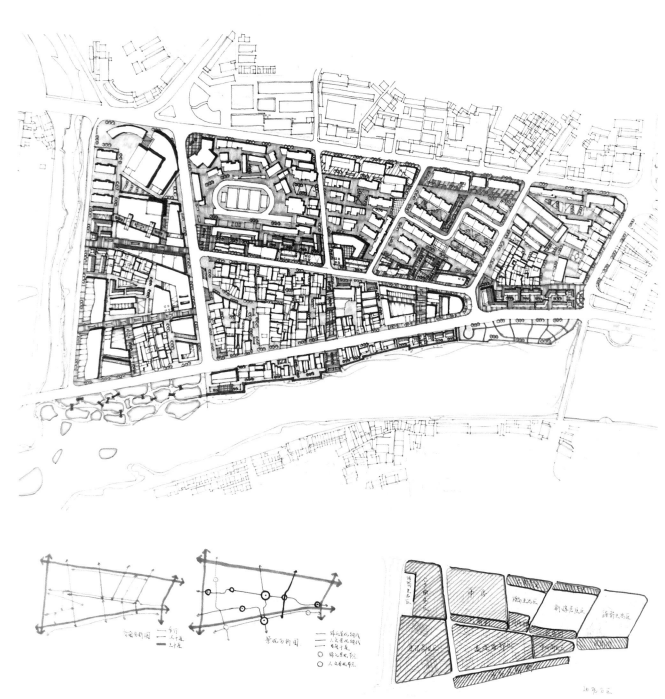

设计说明

本次旧城改造位于浦城县中心城区东南部分，有历史遗迹三山会馆，呈现出现代城市与乡村交会的情况，合理地处理两者之间的关系可以使城市更具有特色。梳理现状结构和肌理，通过完全保留和部分保留两种方式呈现城市风貌。打造沿河的风情街和城村交界处的步行街，让居民可以在行走中感受城市的变化。

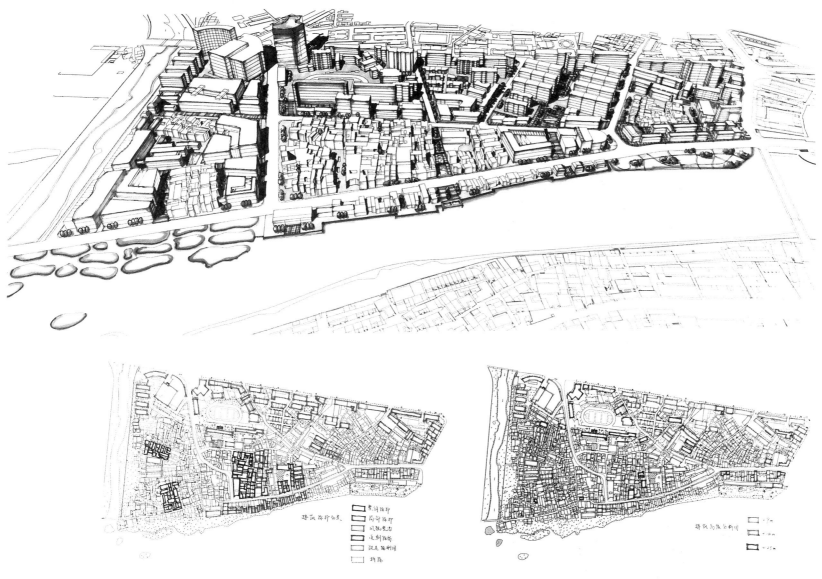

教师评语

方案在充分尊重原有肌理和路网的基础上对路网进行了梳理，形成了通达合理的路网结构。保留了大量的历史建筑，通过与新建筑的结合，塑造城市特色空间。

图面表达朴素，整体结构表达清晰，建筑与景观细节有待加强。

浦城县梦笔组团中心设计

张帆

标注

1. 浦城县行政大楼
2. 浦城县接待大厅
3. 浦城县大剧院
4. 浦城县法院
5. 浦城县检察院
6. 县图书馆
7. 县艺术馆
8. 县博物馆
9. 县科教馆
10. 县少年宫
11. 浦城县大酒店
12. 浦城县展览厅

中央廊道景观示意

东北侧水系节点示意

设计说明

本设计位于福建省浦城县的梦笔组团，设计结合上级规划与周边环境，结合梦笔山，稍做调整，试图构建浦城西北的行政中心和文化中心。之后结合优良的交通与区位优势，发展周边商业服务等，同时由此拉大城市框架，为城市跨越发展打下基础。设计中充分考虑周边环境，重要建筑组团布置，同时依靠良好的人行空间，使设计紧密结合梦笔山与河流，向外扩散，形成新的组团。同时，结合几处重要景观与视廊，放置重要的节点，点线面结合。

教师评语

方案主要依靠城市道路对地块进行了分割，结构清晰，主轴与山体形成了良好的对景关系。充分考虑了周边环境，营造了宜人的步行空间，点线结合，形成了张弛有度的景观体系。

总体上深度把握较好，将大的结构关系通过色彩、形式重点交代清楚。但建筑高度过于统一，使鸟瞰图效果趋于扁平。

福建省南平市浦城县梦笔山组团城市设计

周云洁

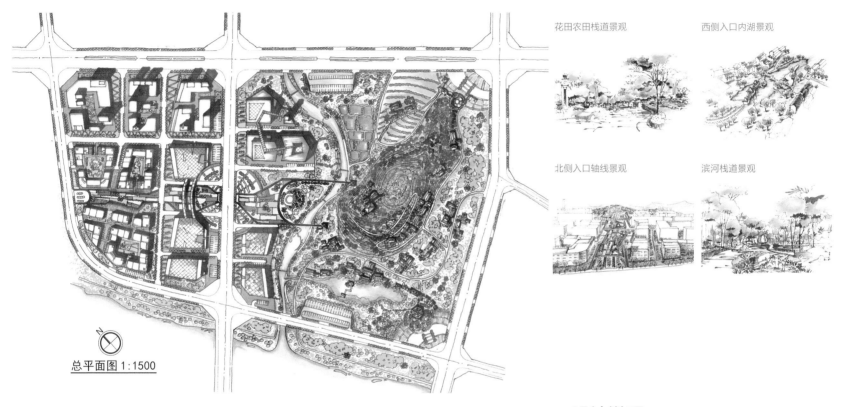

总平面图 1:1500

花田农田栈道景观　　西侧入口内湖景观

北侧入口轴线景观　　滨河栈道景观

鸟瞰图

北侧入口轴线景观

滨河栈道景观

花田农田栈道景观

西侧入口内湖景观

设计说明

本方案根据梦笔山和马莲河的生态优势，设立浦城县文化生态型中心。基地周围原是农田和水塘，为保留原有肌理记忆，在主轴设计了农田景观，并保留了部分池塘水域。

教师评语

规划轴线突出，且与山体形成了对景关系，两侧建筑呈组团式布局。方案强调了轴线景观与周边的呼应关系，但周边环境表达稍显不足。

总体上深度把握较好，山体刻画细致，线条流利，表达技巧娴熟。

2012 级大三 · 城市主题公园设计案例

Chapter three

■ 基地概况　CIRCUMSTANCE

基地 1：基地位于天津市河东区临近海河位置，西、南临海河东路，和天津湾公园隔海河相望，北接国泰桥，北、东临富民路，用地面积 30 ～ 35 公顷。基地北部为天津市第三棉纺厂，中部有一大型厂房（要求必须保留），北部为三纺厂区及宿舍，南部为滨河庭苑居住区。距离最近的地铁站为 1 号线的陈塘庄站。基地位于海河综合改造开发总体规划的第四区段"智慧城"范围内，该区段大力发展智能、高新技术为支撑的创新型城市形态，同时致力于打造环保型的生态环境。

基地 2：基地位于天津市解放南路与外环线的交叉口东北侧，总占地面积 20 ～ 25 公顷。基地是天津市开放式公园近期建设的重要节点，周边城市环境建设大多以生态湿地为主要特色，打造生态、亲水的园林景观。基地同时又是解放南路地区重要的公共开放空间。根据总体规划要求，解放南路地区东至微山路，南至外环线，西至解放南路，北至海河，总占地约 16.28 平方千米，规划建设为"生态型的生活社区、园林型的迎宾大道、创意型的办公街区、专业型的商贸园区"。

基地 3：规划项目总用地面积约为 2.35 公顷，位于天津市于家堡金融区的起步区，控规地块编号 03-11。基地及周边处于典型的高密度城市空间环境，承担于家堡城市级开敞空间的职能。高密度城市有着生态环境压力大、空间立体复合、要素高度聚集、交通及人流活动多元化等特征。在高密度语境下进行广场设计，需要详细考量基地条件和广场属性之间的潜在矛盾，做出能够平衡各方利益诉求的规划设计。于家堡金融区是集中展示滨海新区国际大都市形象的标志区，规划突出滨水、人文、生态特点，形成集金融办公、商业服务、配套公寓、文化娱乐、休闲旅游等功能于一体的国家级金融商务中心，以京津城际铁路引入于家堡金融区为契机，实现促进北京非首都功能疏解、服务京津冀协同发展的目标。

天津市公共主题开放空间（公园、广场）快题设计　选址

基地 1

基地 2

基地 3

■ 设计内容　CONTENT

1. 空间总体布局设计

通过对该地区整体环境和自然、历史、文脉等的分析，突出规划区城市设计的总体构思，确定空间形态及大致功能布局。

2. 开放空间群体设计

通过对土地利用、城市轮廓线、景观轴线、视线走廊等方面的分析，利用相关方法进行分析，确定广场、绿地等开放空间的位置、作用、形状、规模以及周围建筑的体形要求；重要的位置做出较为详细的环境设计；确定标志性建、构筑物和主要节点的位置，主要解决空间形式、体量、色彩、退线等设计问题。

3. 交通规划设计

主要解决车流、人流与城市交通之间的矛盾。确定规划区的交通组织方案和交通流线组织原则，着力解决交通组织和停车问题。

4. 绿化景观设计

确定规划区绿化及景观系统布局，主要解决公园、广场、街头绿地、庭院绿化等的设计问题。

规划设计条件　CONDITION

（1）既有建筑及环境处理：除基地 1 中厂房必须保留外，其他可酌情进行保留、拆除、修缮或改造。

（2）建、构筑物限高：建筑限高 60 米。

（3）容积率：基地 1 ≤ 0.3；基地 2 ≤ 0.1；基地 3 ≤ 0.1。

（4）绿地率：基地 1 ≥ 60%；基地 2 ≥ 60%；基地 3 ≥ 40%。

（5）建筑密度：基地 1 ≤ 15%；基地 2 ≤ 10%；基地 3 ≤ 5%。

（6）停车位：按照天津市相关规范设置。

成果要求　DEMAND

1. 主要图纸要求

规划总平面图：1/2 000，注明主要建筑的类型、层数，简要的设计说明（≥ 300 字）和主要经济技术指标。

规划方案分析图：功能结构分析、道路交通分析、绿化景观分析及其他必要的分析图，比例自定。

方案表现图：整体鸟瞰或重点局部透视。

2. 表现方式

以墨线淡彩表达，工具和表现方式不限，徒手绘制于指定图纸上。

山地自行车主题公园设计

赵怡然

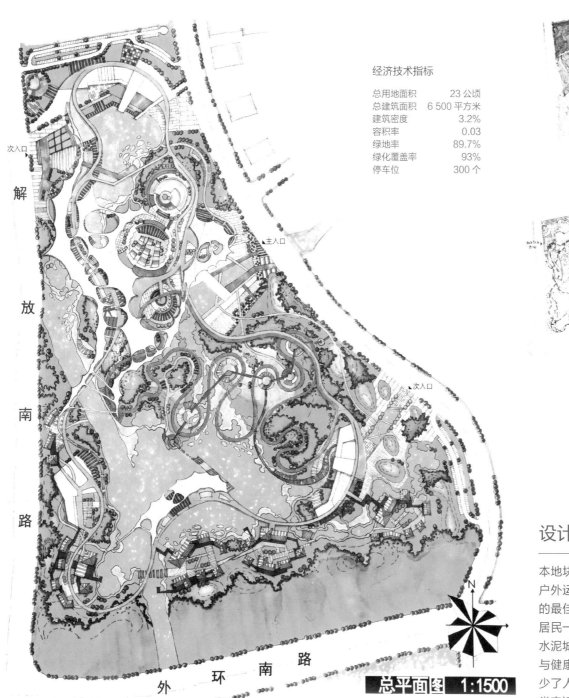

经济技术指标

总用地面积	23 公顷
总建筑面积	6 500 平方米
建筑密度	3.2%
容积率	0.03
绿地率	89.7%
绿化覆盖率	93%
停车位	300 个

次入口

解 放 南 路

主入口

次入口

外 环 南 路

N

总平面图 1:1500

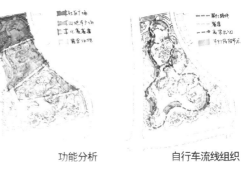

功能分析　　　　自行车流线组织

人流流线组织　　　景观系统

设计说明

本地块偏生态湿地，倾向于自然景观的还原。户外运动正是将生态型公园与人类活动相结合的最佳方式。山地自行车主题公园提供给城市居民一个还原生态自然的运动场所，使生活在水泥城市中的人群感受到城市绿肺带来的新鲜与健康。采用高架等方式将人与自然相隔，减少了人类活动对湿地公园的破坏，同时给予人类亲近自然的可能。

鸟瞰图

小轮车泥地跳跃场地

露营场地　　　入口广场

剖面图A
小轮车赛道观赛场地

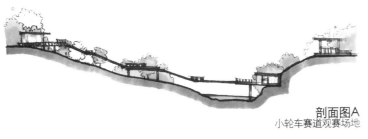

剖面图B
北侧入口广场

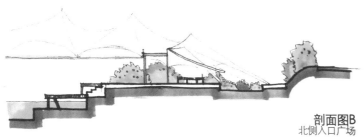

教师评语

方案设计与基地的生态本底相结合，以山地自行车的交通需求作为主要服务目标，在满足了机动车进入及停车的需求的前提下，设计了环绕基地的大型自行车环线。线路曲线形态优美，沿途景观多变，视野良好，游览节奏紧凑多样。布局上动静分区明确，北部为主要活动区，由主入口引入规划轴线；南部为生态休闲区，以开阔的水体和院落式建筑组团围合而成。在景观上，方案注重人工造景的表达，采用简单的绿化表现形式进行衬托。铺装形式虽多却不凌乱，采用不同色调的铺装对主次入口进行区分和强调。色彩鲜艳活泼，搭配适宜。鸟瞰图及效果图对于高架桥及景观小品的表现清晰。

于家堡广场设计

代月

标注
1. 无边喷泉
2. 金字塔瀑布
3. 书吧
4. 喷泉柱阵
5. 荷花池
6. 下沉广场
7. 儿童轮滑场
8. 雨水花园

设计说明

基地位于于家堡金融区，处于高密度城市空间环境，周边均为高层商务办公楼，故定义该广场为街区型商务商业广场，主要面向人群为白领，也承担乘坐高铁和地铁到此停留的人群的休闲需要。

方案从三点出发。其一为交通枢纽。结合基地南侧地铁站设置检票口和地下商场，为满足交通换乘设置地下车库，并连通周边商务办公楼，方便人群集散。其二为流动性、多功能。为满足白领在此休憩活动的需要，在广场中提供可举办临时露天音乐会、跳蚤市场等活动的场地，凝聚广场人气和活力。其三为人与自然的亲近。方案设草坡供人们躺卧；设无边喷泉和喷水柱阵供人们近水嬉戏；设金字塔状天窗为地下商场采光，增强空间引导性，节约能源；设雨水花园，含蓄水净水装置，环保生态。

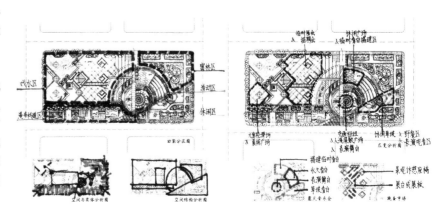

2012 级大三·城市主题公园设计案例

经济技术指标

总用地面积	2.35 公顷
地上建筑面积	500 平方米
地下建筑面积	B1 17 335 平方米
	B2 11 940 平方米
商铺总建筑面积	2 000 平方米
容积率	0.021
停车位	293 个

地下一层平面图　1：500

地下二层平面图　1：500

鸟瞰图

A—A 剖面图 1　1：200

A—A 剖面图 2　1：200

B—B 剖面图　1：200

教师评语

基地紧临于家堡金融区中的商务办公用地，因此方案以几何式布局和直线形的步行交通流线塑造了简洁开敞的现代景观。功能分区明确，东西两部分的动静分区由中心圆形下沉广场联系过渡，东部以自然景观结合坡地和植被形成休闲区；西部以斜切网格设计人工水系及景观绿地，其中大面积的开敞空间为人群预留了临时活动的场地。功能性建筑以及地下车库沿地块南侧道路设置，加强地块与地铁站之间的联系，方便交通枢纽的人流快速疏散。方案在公园多个入口处设置集散广场或步行出入口，保证了面对各个方向人流的通达性。地下两层的商场和停车场具有新意而且规范合理，体现了提高中心区集约用地的思路。

方案的景观层次丰富，不同景观分区在空间尺度、绿化密度上形成了鲜明对比，加强了公园的空间层次感。空间处理手法娴熟，景观组织富于变化。

图面表达清晰美观，广场铺地和绿化的表现简洁、生动。鸟瞰图准确地反映了方案的空间形态，且马克笔技法运用熟练。

车行流线
人流贯穿
竖向人流集散
交通核
反地铁流线

人流车流竖向分析

湿地生态主题公园设计

董韵笛

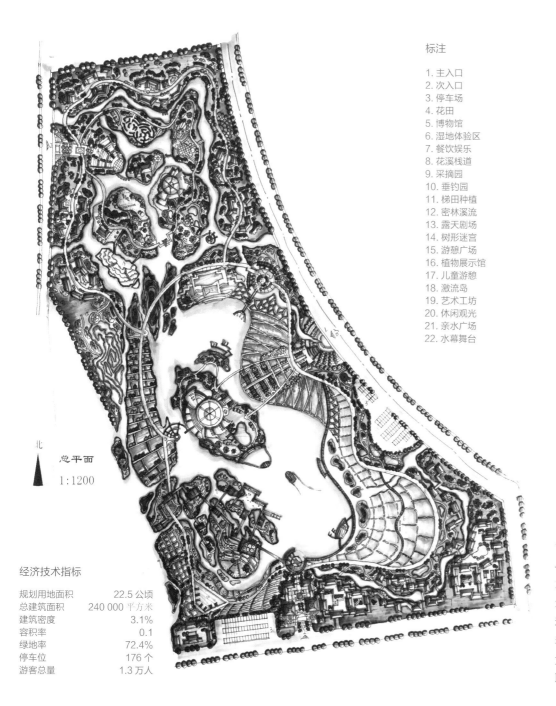

标注

1. 主入口
2. 次入口
3. 停车场
4. 花田
5. 博物馆
6. 湿地体验区
7. 餐饮娱乐
8. 花溪栈道
9. 采摘园
10. 垂钓园
11. 梯田种植
12. 密林溪流
13. 露天剧场
14. 树形迷宫
15. 游憩广场
16. 植物展示馆
17. 儿童游憩
18. 激流岛
19. 艺术工坊
20. 休闲观光
21. 亲水广场
22. 水幕舞台

北

总平面

1:1200

经济技术指标

规划用地面积	22.5 公顷
总建筑面积	240 000 平方米
建筑密度	3.1%
容积率	0.1
绿地率	72.4%
停车位	176 个
游客总量	1.3 万人

设计说明

本方案以"生态体验"为核心理念，基于对场地湿地地貌特点的发扬和滨水景观优势的利用，以水系与岛屿的组织和文化为特色，着力打造湿地体验、环境教育、休闲娱乐三大功能。发挥基地生态效应，完善地段城市职能，提升地段地位和城市形象。

2012 级大三 · 城市主题公园设计案例

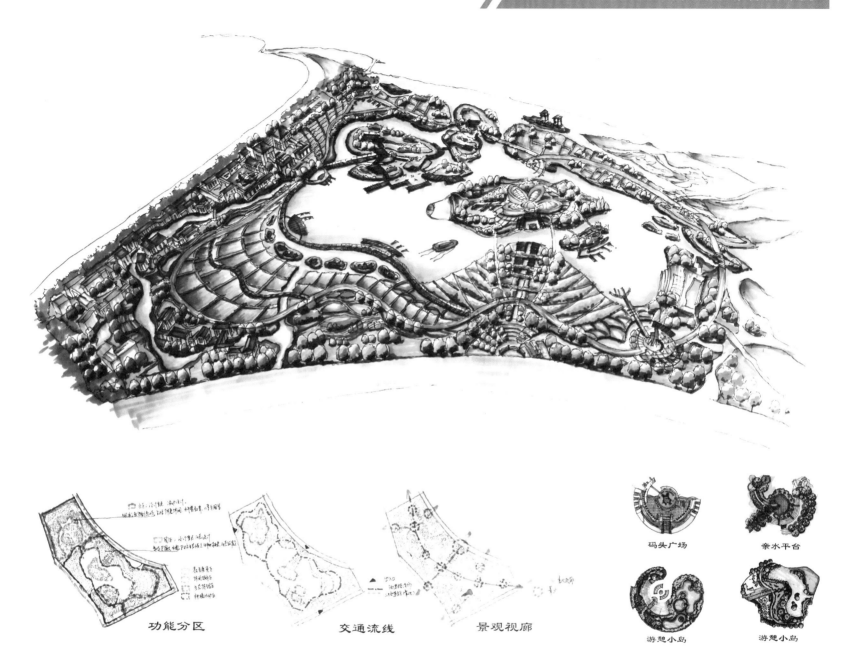

功能分区

交通流线

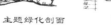
景观视廊

码头广场

亲水平台

游憩小岛

游憩小岛

挡墙立面　　主题绿化剖面　　自然驳岸剖面　　人工驳岸剖面

小岛剖面

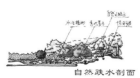
自然跌水剖面

自然水塘剖面

教师评语

该方案设计南北向景观结构，沿规划范围周边布置多种功能分区，营造出地块内部水景开敞的空间感，并采用环形道路对各个功能进行联系。景观建筑与环境结合恰当，活动内容布置丰富多样，体现了其"生态体验"的设计理念。停车场等配置符合要求。图面效果色彩鲜艳，鸟瞰图、效果图表现清晰美观。

天津城市开放空间立体广场设计

高雪辉

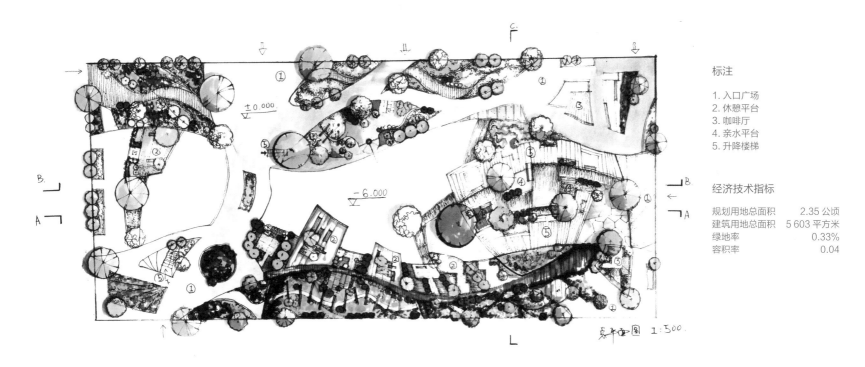

标注

1. 入口广场
2. 休憩平台
3. 咖啡厅
4. 亲水平台
5. 升降楼梯

经济技术指标

规划用地总面积	2.35 公顷
建筑用地总面积	5 603 平方米
绿地率	0.33%
容积率	0.04

设计说明

方案由地上和地下两部分构成。以地上的东侧小广场、北侧的地上入口以及地下的下沉广场三个节点为主要框架。地上空间整体流线自西向东与场地本身相匹配。同时将人流分为南北两侧，区分了空间和人流的同时也恰当地满足了舒适空间与步行尺度的需求。除了基本人行道路，还具有休息空间的足量和私密性。在中部偏西设计了人行桥，满足南北空间的穿行需求。针对地上地下空间的人流，设置中部的坡形楼梯，在满足空间升降的基础上，以较小的坡度增加了通过的体验感，使原本枯燥的楼梯转变为一种享受。引导人流主动选择通过，配合北侧、西侧的升降楼梯，解决了中午人流量大的冲突。在地下空间中，设计了咖啡厅、餐吧以及商铺。在上部的地下广场做了立体绿化，下部的咖啡厅和上部的休憩区共享了绿化空间，在高度集中的区域内丰富了空间。

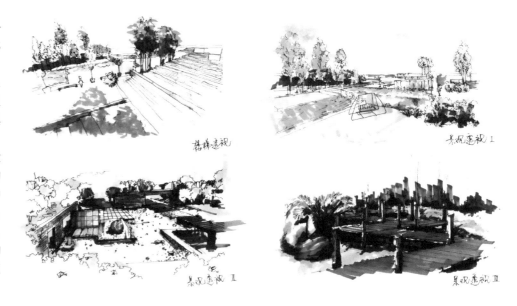

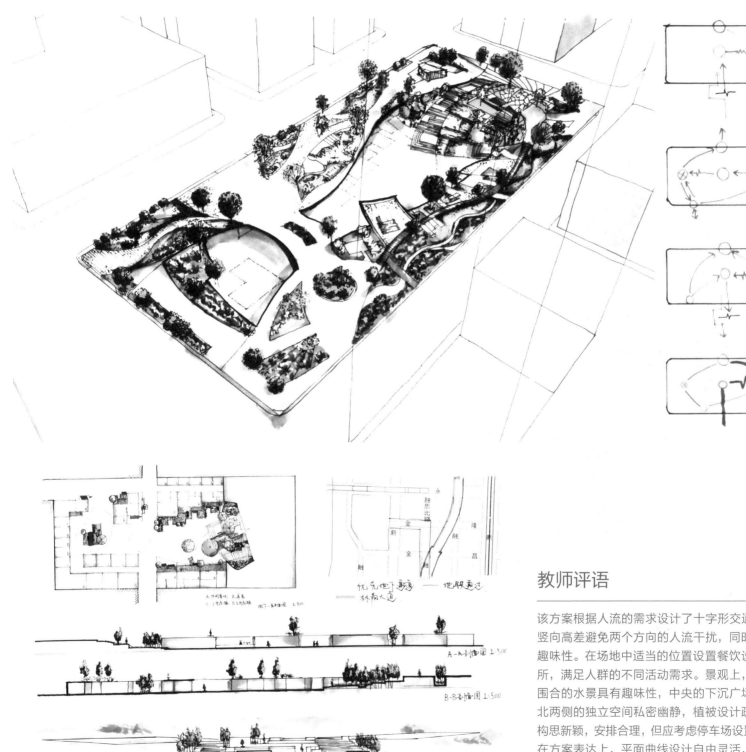

早晨人流

中午人流

晚人流

人流汇总

A 休闲绿地 B 广场 C 下沉广场 D 地下商场

优先地下商场 地下服务过
林荫大道

花下一层平面图 1:500

A-A剖面图 1:500

B-B剖面图 1:500

C-C剖面意报图

教师评语

该方案根据人流的需求设计了十字形交通结构，并通过竖向高差避免两个方向的人流干扰，同时增加了空间的趣味性。在场地中适当的位置设置餐饮设施以及休憩场所，满足人群的不同活动需求。景观上，东侧坡形楼梯围合的水景具有趣味性，中央的下沉广场空间开敞，南北两侧的独立空间私密幽静，植被设计疏密有致。方案构思新颖，安排合理，但应考虑停车场设置等配套需求。在方案表达上，平面曲线设计自由灵活，图面表达技法娴熟，色彩搭配协调。鸟瞰图的空间表达简洁明晰，而其他分析图表现过于简单。

残疾人主题公园设计

贺妍

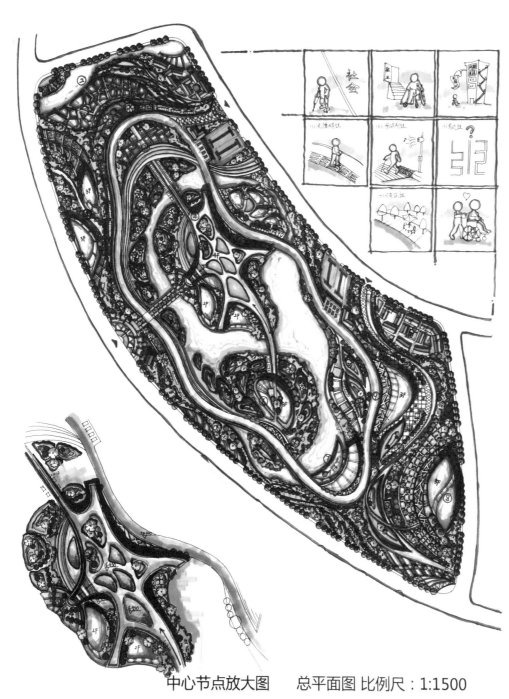

中心节点放大图　　　总平面图 比例尺：1:1500

标注

1. 聋哑服务体验场馆
2. 肢体障碍服务体验区
3. 视觉障碍服务体验区
4. 中心残疾人服务培训基地
5. 中心餐饮服务区
6. 自闭症诊断与治疗中心
7. 滨河演讲活动场
8. 残疾人表演剧场
9. 残疾人慈善馆

设计说明

当下残障人士虽受到一定的社会关注与帮助，但是我们依旧难以在大街上找寻残疾人的身影。为了真正让残疾人走出家门，面向社会，从而让更多的人了解他们，帮助他们，该公园由义工体验服务交流区、残疾人培训基地及残疾人面向社会展示区三部分组成，为残疾人提供一个展示自我、交流合作、走向社会的机会与平台，同时也为想成为义工帮助残疾人的人们提供了一个体验、学习的机会。方案通过设计盲道、盲人音箱提示、电瓶车、定点设计休憩场所来满足盲人的需求。同时也采取了其他措施，满足不同残障人士的需求，为他们创造更好的活动交流场所。

2012级大三·城市主题公园设计案例

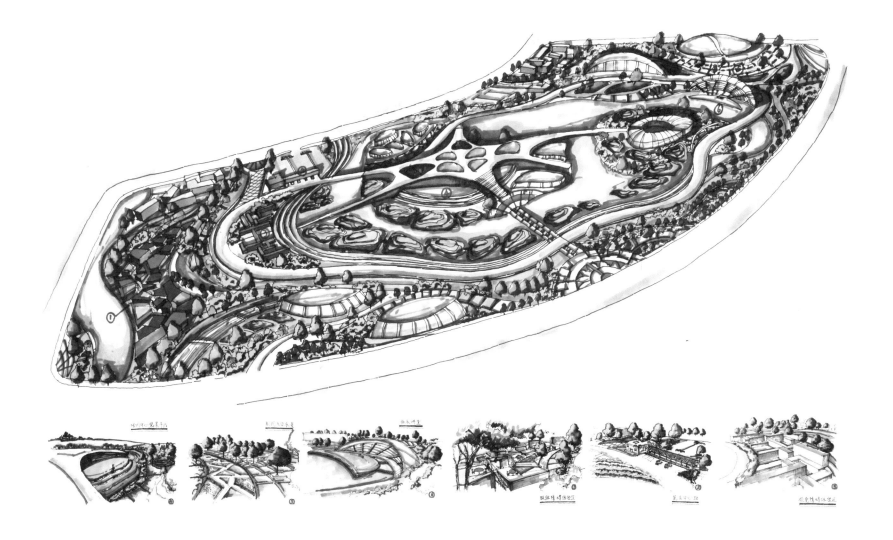

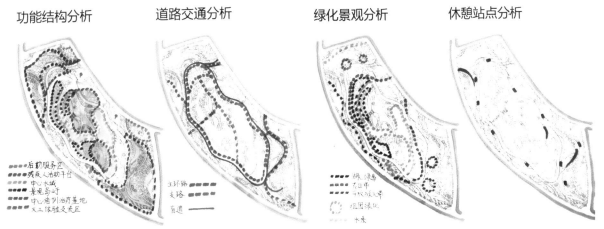

功能结构分析

后勤服务区
残疾人活动平台
中心大城
景观岛屿
中心培训治疗基地
义工体验交流区

道路交通分析

主环路
支路
直通

绿化景观分析

胡泊、绿脸
花田甲
行道树绿带
组团绿化
水系

休憩站点分析

教师评语

方案设计了环形交通结构，由中央的二层平台与周边功能联系，形成形态自由、风格独特的主题公园。环形道路略显生硬，且东侧道路的车行交通衔接不够通畅。方案旨在为残疾人提供交流的机会和平台，主要体现在设置的功能上，而在场地设计上缺乏针对性。总平面图的景观及铺装刻画细致，色彩运用鲜艳得当。中心节点放大图对景观细部的展示不够清晰。

棉三——工业遗址公园设计

靳子琦

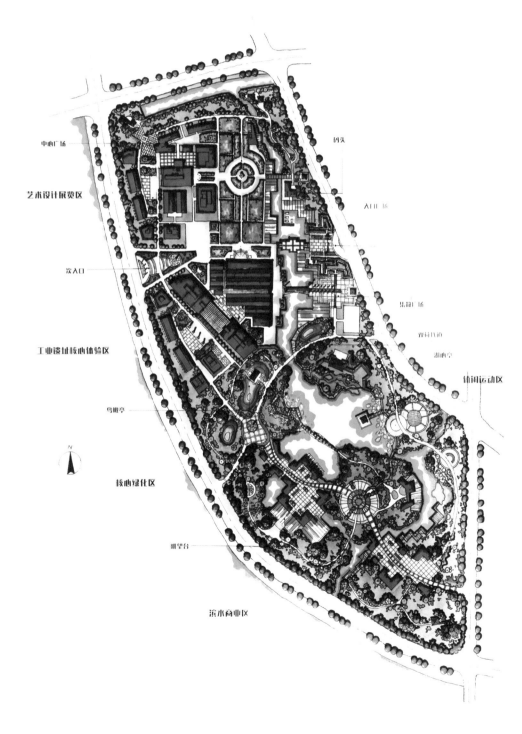

中心广场

艺术设计展览区

次入口

工业遗址核心体验区

鸟瞰亭

核心绿化区

眺望台

滨水商业区

码头

入口广场

景观广场

观海小径

湖中亭

休闲运动区

经济技术指标

总用地面积	32.0 公顷
总建筑面积	52 000 平方米
容积率	0.16
建筑密度	12.5%
绿地率	75%
停车位	80 个
公园游人总量	6 000 人

设计说明

天津纺织业具有悠久的历史文化积淀，棉纺一厂到六厂分布于海河两岸。天津第三棉纺厂前身为建于1921年的裕大纱厂和宝成纱厂，著名电影《中国合伙人》曾在这里拍摄。本设计保留了原有的厂房、织布车间和发电厂，将北部较为散落的建筑进行了功能置换，建为艺术设计展览区。南部修建休闲娱乐区，包括滨水商业区、运动健身区和绿地生态区。中部核心区域为遗址体验区。路网大致保持了原有的结构布局，进行了疏通和改造。

公园的更新目的是工业文化的保留与继承，生态环境的复苏和改造，公共空间的整合和发展。项目包括工业景观的修复，废弃工业设施的再利用，水上商业街和滨水景观的建设以及海河及其预期的支流的水系处理。

2012级大三·城市主题公园设计案例

平台高差示意

水上商业街

小径

功能分区分析   路网交通分析   保留与新建示意

教师评语

该方案为历史街区改造，北部的工厂保留区设计了南北向的景观轴线，以绿地景观统一了现状建筑的散落布局。南侧的休闲娱乐区以景观为主、建筑为辅，与北侧的环境有明显的动静区分。南北两区之间借助地形实现功能分区的分隔。水岸设计富有变化，在北部采用人工岸线及码头，满足人群的亲水活动需求；南部保留了自然岸线，营造生态氛围。景观植被、景观节点富于变化，空间收放自如。

美中不足的是，北部片区的交通系统没有形成环线，建议增加一个东侧出入口，满足交通和疏散的需求。鸟瞰图表现稍显潦草。

星河掠梦——航天主题公园设计

王思琦

标注

1. 主入口
2. 人行入口
3. 停车场
4. 入口广场
5. 太空体验馆
6. 转基因花田
7. 转基因鱼塘
8. 航天历史博物馆
9. 发射台
10. 太空蔬菜基地
11. 园务中心
12. 4D 大剧院
13. 星河漫步
14. 儿童科普馆
15. 星际探秘
16. 休闲广场
17. 室内娱乐中心
18. 银河码头
19. 生命起源
20. 未知科研所
21. 亲水平台
22. 星际穿越

经济技术指标

总用地面积	22.5 公顷
总建筑面积	2.3 公顷
容积率	0.1
建筑密度	8.8%
绿地率	72.8%
停车位	312 个
公园游人总量	1.3 万人

1:1200

总平面图

节点放大图

A-A 剖面图

设计说明

公园主要景点采用北斗七星的布局安置，利用东西向的水源构成南北向的两个重点区域。为了突显公园的航天主题，在主要景点按照星轨图布置建筑组团，同时在主要水域安置航天发射塔。公园主要建筑组团以航天知识普及以及体验为主，有利于中国未来航天事业的发展，同时为人们周末休闲提供了好去处。

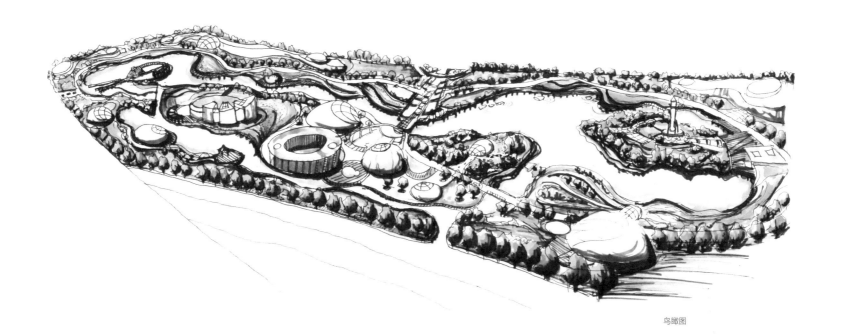

鸟瞰图

建筑效果图

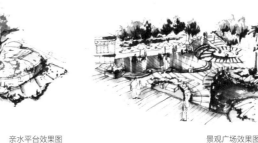

亲水平台效果图

景观广场效果图

花田效果图

教师评语

方案以航天和星体方位为构思思路，富有新意。路网结构根据功能分区和建筑的位置进行合理的变化，因地制宜处理交通走向。东侧两个大体量的覆土建筑对空间进行了围合和限定，但建筑过长，显得有些单调。中央及南部组团的建筑和景观配置较好，能够很好地处理建筑正面和背面的景观设计。水系的设计比较美观，但部分滨水平台设置稍显杂乱，可以适当简化。

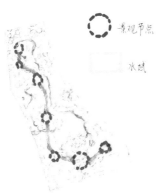

景观节点

水域

功能分区分析图

主路

次路

停车场

景观节点分析图

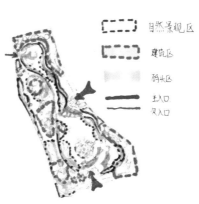

自然景观区

建筑区

码头区

主入口

次入口

道路交通分析图

主题公园设计——千与千寻的消失

徐超

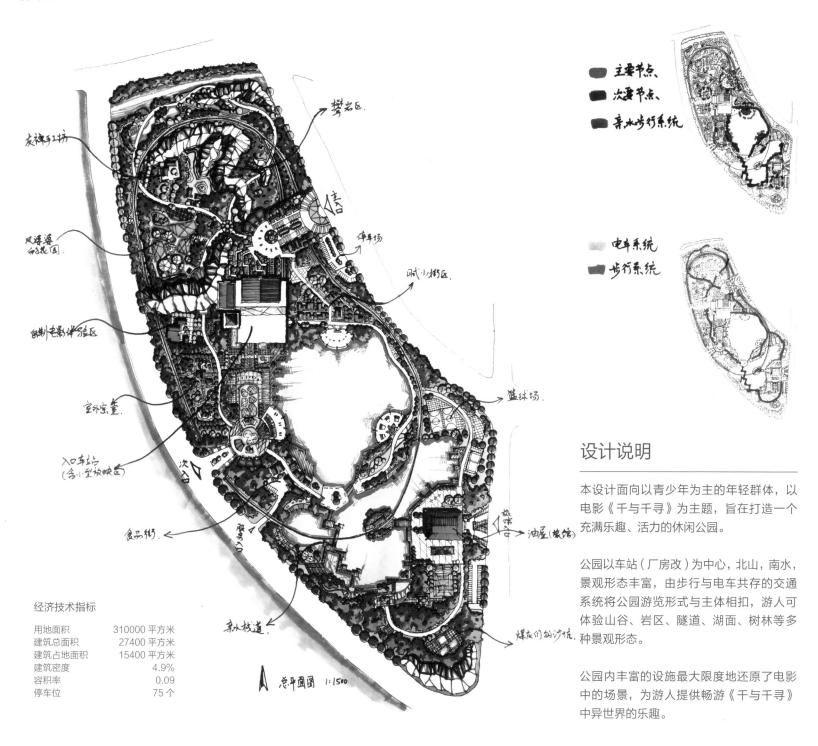

主要节点
次要节点
亲水步行系统

电车系统
步行系统

攀岩区
友神手工坊
风婆婆的花园
自制电影体验区
室外宝童
入口车站
（含小型放映区）
次合
食品街
亲水栈道
临小街区
停车场
篮球场
油屋（旅馆）
煤灰们的沙坑

经济技术指标

用地面积	310000 平方米
建筑总面积	27400 平方米
建筑占地面积	15400 平方米
建筑密度	4.9%
容积率	0.09
停车位	75 个

总平面图 1:1500

设计说明

本设计面向以青少年为主的年轻群体，以电影《千与千寻》为主题，旨在打造一个充满乐趣、活力的休闲公园。

公园以车站（厂房改）为中心，北山，南水，景观形态丰富，由步行与电车共存的交通系统将公园游览形式与主体相扣，游人可体验山谷、岩区、隧道、湖面、树林等多种景观形态。

公园内丰富的设施最大限度地还原了电影中的场景，为游人提供畅游《千与千寻》中异世界的乐趣。

2012 级大三·城市主题公园设计案例

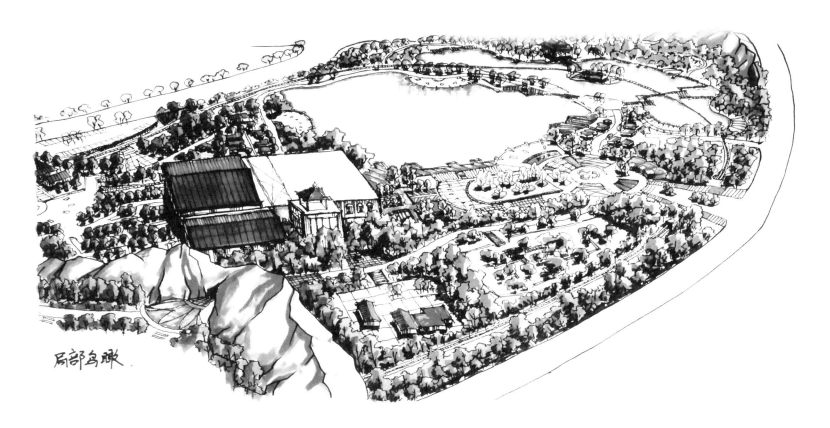

局部鸟瞰

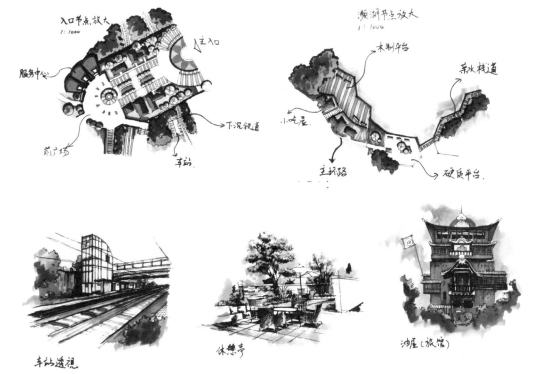

入口节点放大
1:1000

服务中心

主入口

前广场

下沉铁道

车站

濒湖节点放大
1:1000

木制平台

亲水栈道

小吃屋

主环路

硬质平台

车站透视

休憩亭

油屋（旅馆）

教师评语

方案主要分为北山南水两个分区，环形布置各个电影主题活动场所，景观环境的设计和功能设置都比较符合本次设计定位。各片区建筑及景观小品设计多变有趣。方案的景观植被色彩较厚重，而建筑的红色屋顶使重要节点鲜明地突显出来，使方案重点一目了然。空间结构收放自如，水面的大面积留白与高密度的植被和建筑形成对比，有效衬托了表达的主体内容。在表现上，鸟瞰图及效果图表现生动直观，马克笔技法熟练。

部分交通道路走向不够流畅，拐弯过于生硬，不能满足行车通畅要求。

运动主题公园设计——天津市第三棉纺厂地块改造设计

张轰

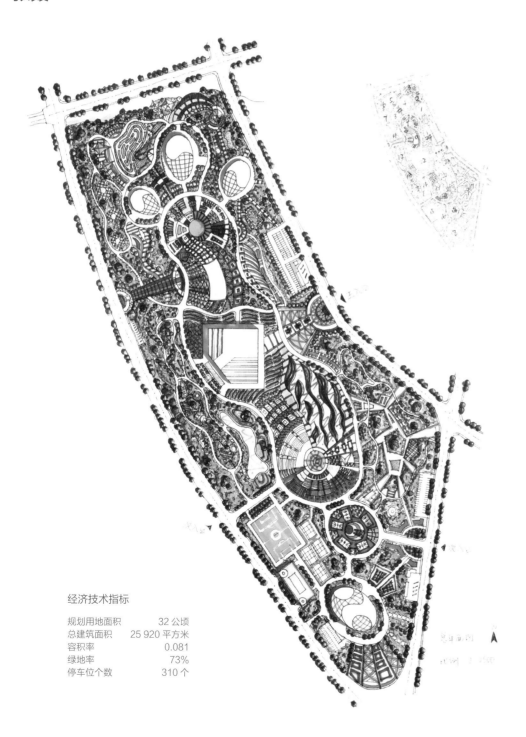

标注

1. 亲子互动运动馆
2. 幼儿室外活动场
3. 亲水平台
4. 游泳馆
5. 植物迷宫
6. 瑜伽室外场地
7. 太极运动场
8. 有氧运动室内馆
9. 水景广场
10. 滑冰场
11. 看台
12. 氧吧
13. 户外健身器械场地
14. 极限滑板场地
15. 足球场
16. 网球场
17. 篮球场
18. 运动馆
19. 休闲场
20. 广场
21. 大地景观
22. 主体育馆

设计说明

基地位于天津市河东区原第三棉纺厂地块，临近海河，和天津湾公园隔海河相望。这次的改造设计规划采用"一心，一环，七片区"的规划结构，设计以"运动，健康"为主题的综合性体育公园，延续城市整体结构，保障城市空间延续，尊重场地记忆，发掘场景特色，形成以核心景观轴线和局部景观节点为结构特征的"复合空间网络"。构建"公园体系"优化整体空间，强调"大视线"景观架构，形成"有序、有绿、有情"的和谐生活秩序，实现休闲、健身高度交融。"弹性布局，融合共生"，保留原有的厂房，人工与自然有机融合形成弹性灵活的布局结构，寻求简洁灵活的组团布局，形成以道路为肌理、为核心的布局结构，形成"健身心，乐不疲，享怡然"的园区特色。

经济技术指标

规划用地面积	32 公顷
总建筑面积	25 920 平方米
容积率	0.081
绿地率	73%
停车位个数	310 个

2012 级大三·城市主题公园设计案例

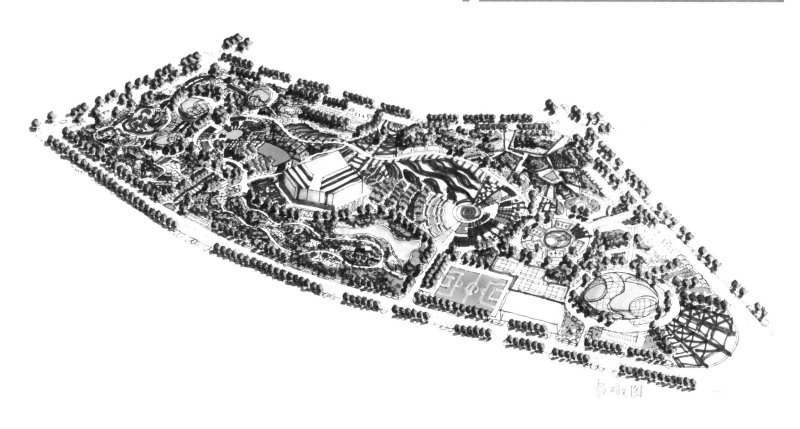

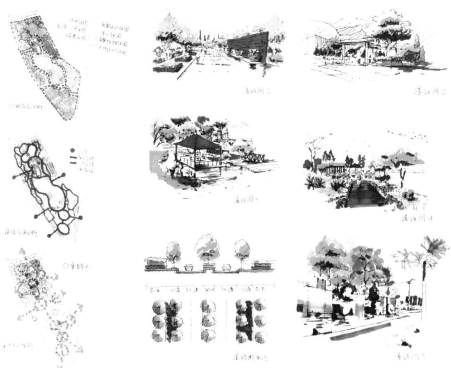

教师评语

方案同样采用环绕式布局，各功能分区围绕中心片区进行安置。采用环状路网，而且进行了细致的二级路网规划和停车配套设置，交通组织合理，通畅度高。保留了基地中心的建筑，同时作为运动主题公园，在不同分区中设置了专用场馆和运动场所，同时用景观和植被进行衬托。节点的铺装样式和色彩有些杂乱，甚至在一个圆形广场采用了几种铺装样式，不利于突出重点和整体感。建议将北侧水系引入基地，水体和亲水平台可以为基地景观提供更好的环境，为方案增色。

在表达上，平面色彩鲜艳，表达清晰。透视及鸟瞰表达有些模糊，用色较重。

湿地主题公园设计

张欢

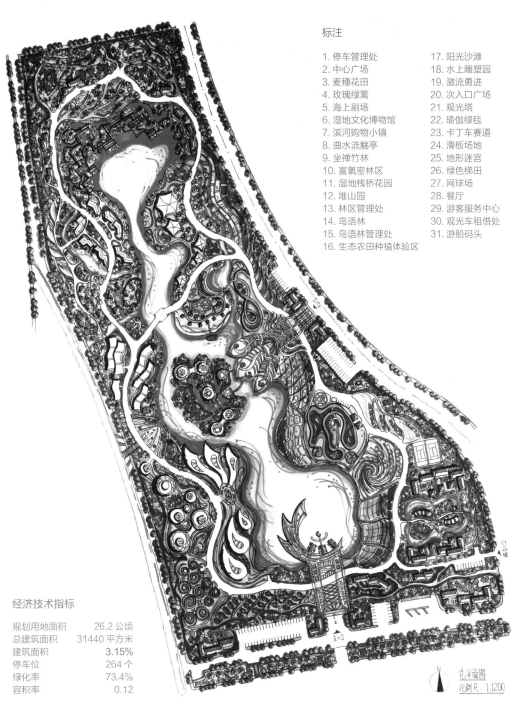

标注

1. 停车管理处
2. 中心广场
3. 麦穗花田
4. 玫瑰绿篱
5. 海上剧场
6. 湿地文化博物馆
7. 滨河购物小镇
8. 曲水流觞亭
9. 坐禅竹林
10. 富氧密林区
11. 湿地栈桥花园
12. 堆山园
13. 林区管理处
14. 鸟语林
15. 鸟语林管理处
16. 生态农田种植体验区
17. 阳光沙滩
18. 水上雕塑园
19. 激流勇进
20. 次入口广场
21. 观光塔
22. 瑜伽绿毯
23. 卡丁车赛道
24. 滑板场地
25. 地形迷宫
26. 绿色梯田
27. 网球场
28. 餐厅
29. 游客服务中心
30. 观光车租借处
31. 游船码头

经济技术指标

规划用地面积	26.2 公顷
总建筑面积	31440 平方米
建筑面积	3.15%
停车位	264 个
绿化率	73.4%
容积率	0.12

总平面图
比例尺：1:1200

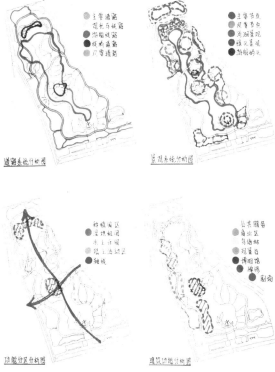

设计说明

该基地位于解放南路与外环线交叉口，为天津市开放式公园近期建设的重要节点。地块西临梅江居住区，南部分布着大小不同的公园，其中包括光合谷湿地公园，并且拥有团泊湖水库等优势资源。根据以上信息，本方案着力将该公园打造成为以湿地为主题的休闲度假公园，使其成为天津市园林型的迎宾大道。方案以环路将地块串联起来，线路分为步行、观光游览车和游船三种类型。大体结构上，南部分布着较为公共的娱乐空间，北部主要以湿地、密林区等私密性空间为主，给人以幽静、放松的感觉。

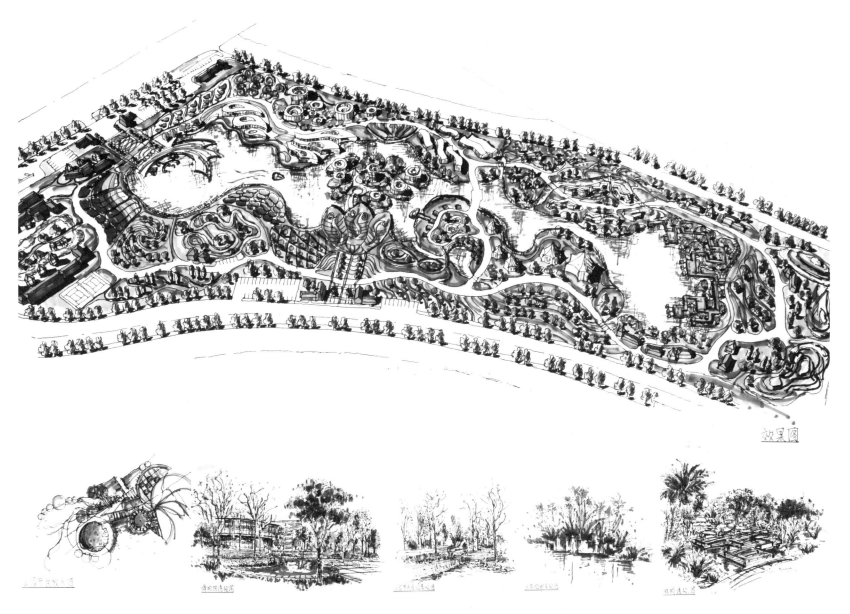

效果图

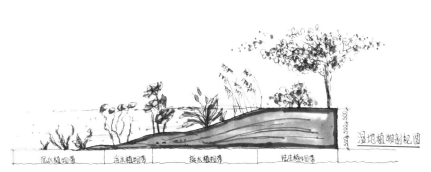

湿地植物剖视图

教师评语

方案通过环形道路将地块分区串联起来，形成北静南动的格局，北侧以湿地和高密度的植被营造生态宜人的休闲空间；南侧以水体为布局核心，围绕码头形成娱乐空间，景观设计空间开敞、形态多样。交通道路及停车场位置合理，但西侧沿路缺乏主要车行出入口。景观轴线由南北向水系强调出来，水面收放自如，空间尺度合理。方案中的建筑组团采用不同元素拼凑而成，但由于顺应环境形成了韵律感，没有给人杂乱无章的视觉感受。

鸟瞰及效果图表现稍显凌乱，重要节点景观表现不够细致。

恋爱主题公园设计——第三棉纺厂地块

张艺萌

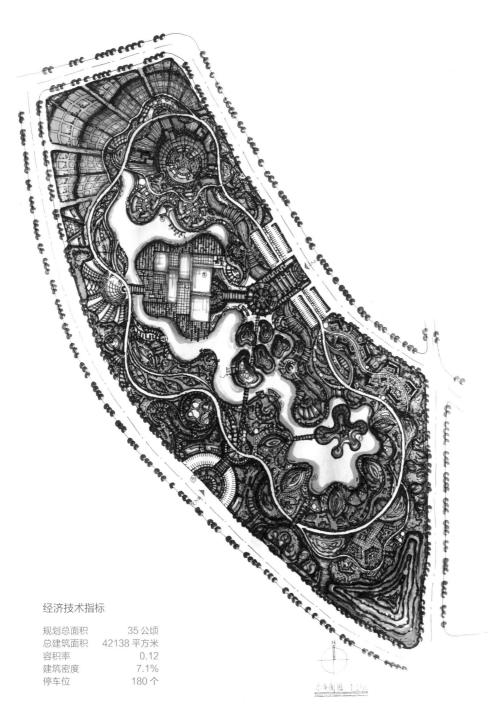

经济技术指标

规划总面积	35 公顷
总建筑面积	42138 平方米
容积率	0.12
建筑密度	7.1%
停车位	180 个

总平面图　1:1000

标注

1. 入口广场
2. 停车管理处
3. 中心广场
4. 婚俗文化博物馆
5. 婚纱展示馆
6. 鹊桥岛
7. 摄影师工作基地
8. 欧式风景婚纱拍摄基地
9. 滨水码头
10. 雕塑园
11. 亲水拍摄基地
12. 花海拍摄基地
13. 林海拍摄基地
14. 娱乐休闲馆
15. 公园管理中心
16. 次入口
17. 观星岛
18. 温泉馆
19. 户外露营基地
20. 露天 barbecue
21. 亲水平台
22. 瓜果廊架
23. 温室花房

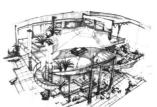

设计说明

方案选址位于河东区临近海河位置的第三棉纺厂，与天津湾公园隔海河相望。所打造的主题公园以恋爱为主题，围绕婚俗文化展示、婚纱摄影、情侣户外互动三大板块布局，旨在为天津市广大市民的恋爱提供丰富而富有趣味性的场地。

方案采用内环路的交通，将各大组团景观串联，入口处核心组团由一大、一小两个岛屿构成婚俗文化展示及婚礼举办区，上部组团以摄影师工作室为核心，环绕打造不同风格拍摄基地。下部组团以观星岛为核心布置户外 barbecue 等户外情侣互动场所，让恋爱远离城市喧嚣。

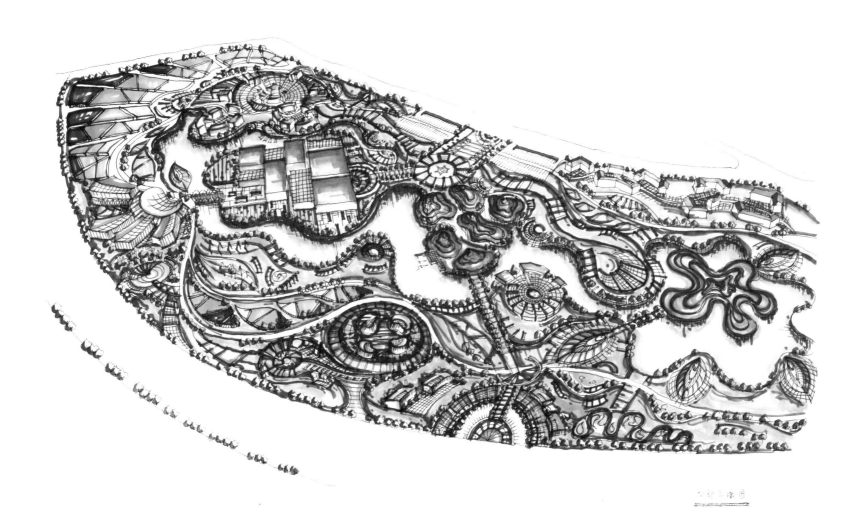

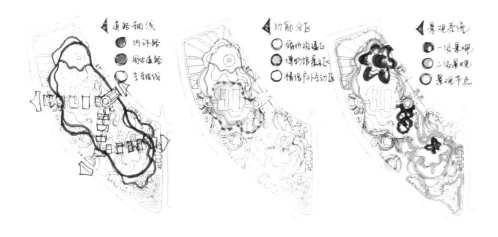

教师评语

方案划分为展示、摄影、互动三大主要分区，由环形道路串联。中央片区由东侧主入口的景观序列引入两个体量不同的岛屿，不足的是中央片区岛屿与保留建筑的关系不强，而且景观序列收尾的集散广场不与外界连通。北部片区景观以及南部片区滨水建筑都采用了放射状布局，空间组织上强化了片区中心，给人深刻印象。方案对步行系统的设计缺乏考虑，各岛屿间"之"字形的沟通路线较单一，难以满足通行需求。景观小品设置丰富，水系形态优美，空间韵律感强。

天津市近代工业文化主题公园——第三棉纺织厂工业改造

赵雨飞

标注

1. 山地体验区
2. "丝绸之路"体验区
3. 主入口
4. 游客服务中心
5. 公园"绿楔"
6. 制造业文明体验广场
7. 纺织文化博物馆
8. 纺织体验区
9. 亲水平台
10. 休闲草坡
11. 编织广场
12. 次入口
13. 餐饮休闲区
14. 湿地体验区
15. 次入口
16. 艺术家创作展示基地
17. 滨水群岛
18. "情人之舟"
19. 文化创意园
20. 滨水栈道

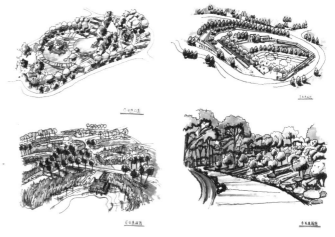

经济技术指标

总规划面积	35 公顷
建筑面积	38219 平方米
建筑密度	7.2%
容积率	0.13
绿地率	82%
停车位	100 个

N

总平面图 1 : 1500

设计说明

基地位于河东区临近海河位置，西南临海河东路，和天津湾公园隔海河相望，北接国泰桥，北、东临富民路，基地北部为天津市第三棉纺厂。本设计从保留厂房出发，恢复天津的近代工业文明，创造一个开放的反映天津工业化时代文化特色的公共休闲场所。

天津市近代工业文明主要体现在纺织及制造业等，曾是中国北方近代棉纺织业的中心。方案设计中，用主环路还原"丝绸之路"的历史，以带状的花田兼展览空间，恢复人们对其历史的认识，环内为工业文明复兴区，分为两部分，一部分是由原厂房改造的纺织文化博物馆及体验区；一部分是由10个下沉广场构成的制造业历史展示休闲区，环外为附属的生态体验区及休闲娱乐区，主要由北部的山地体验区、南部的湿地体验区、艺术家体验区、餐饮娱乐区构成植入了文化创意元素。

2012 级大三 · 城市主题公园设计案例

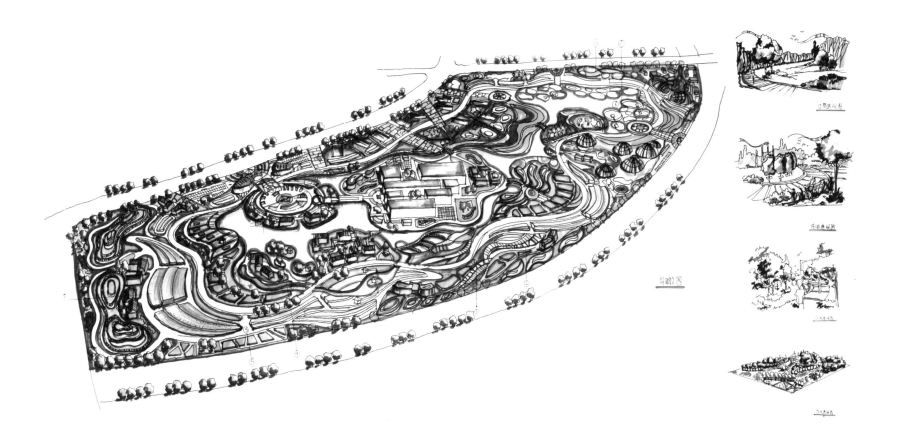

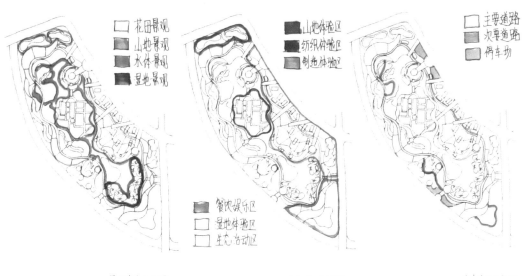

景观系统分析图

花田景观
山地景观
水体景观
显地景观

餐饮娱乐区
显地体验区
生态活动区

功能分区分析图

山地体验区
纺织体验区
制造体验区

道路系统分析图

主要道路
次要道路
停车场

教师评语

方案采用环状布局，沿周边道路设置各类场地并用环路串联，在景观上以花田形成绸带状景观轴线。湿地景观围绕核心的保留厂房区域加以布置。各个分区在建筑体量、景观设计上差异较大，能够进行明确区分。不足的是，中央岛屿与周边活动场地连接性弱，没有强调轴线感或关联性，平面形态相对独立和封闭。景观与建筑的关系较弱。

平面表现上，水体形态优美，收放自如。景观的形态元素选择较多，显得有些凌乱。效果图表达不够明晰。

公园快题设计——运动与生态

刘德政

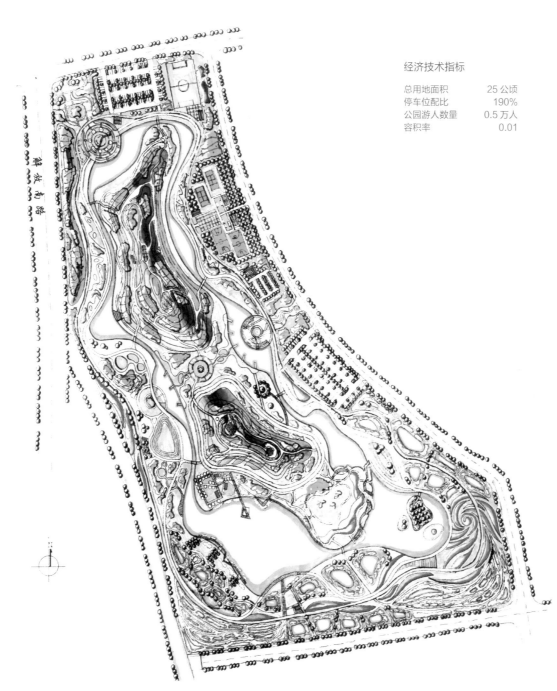

经济技术指标

总用地面积	25 公顷
停车位配比	190%
公园游人数量	0.5 万人
容积率	0.01

草地景观

滨水景观

湖面景观

设计说明

本案例地处梅江生态区，因此本设计注重生态与自然，通过人工堆山与环形水系营造山景、水景与湿地景观，亲近自然，同时提供运动场地，有篮球、足球、网球、羽毛球场地，另有自行车道与跑步道，满足周围居民的运动需求。

2012 级大三·城市主题公园设计案例

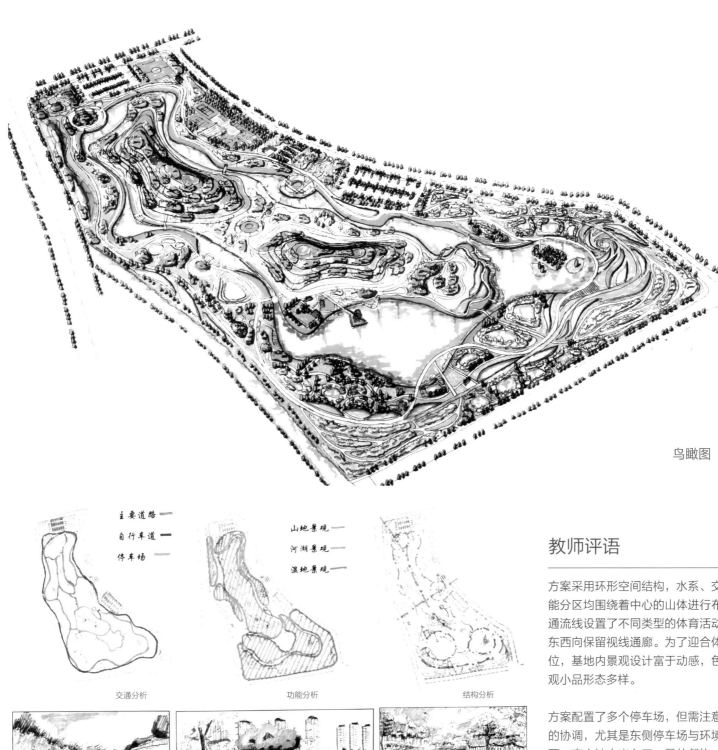

鸟瞰图

主要道路 ——
自行车道 ——
停车场

交通分析

山地景观 ——
河湖景观 ——
湿地景观 ——

功能分析

结构分析

教师评语

方案采用环形空间结构，水系、交通流线和功能分区均围绕着中心的山体进行布置。围绕交通流线设置了不同类型的体育活动场地，并在东西向保留视线通廊。为了迎合体育公园的定位，基地内景观设计富于动感，色彩鲜艳，景观小品形态多样。

方案配置了多个停车场，但需注意与主体景观的协调，尤其是东侧停车场与环境关系不佳。西、南方缺少出入口。另外餐饮、休闲、体育场馆等服务设施配套不足。线条表达不够流畅，平面色彩过渡需改进。

公园设计——城市休憩空间

尹福祯

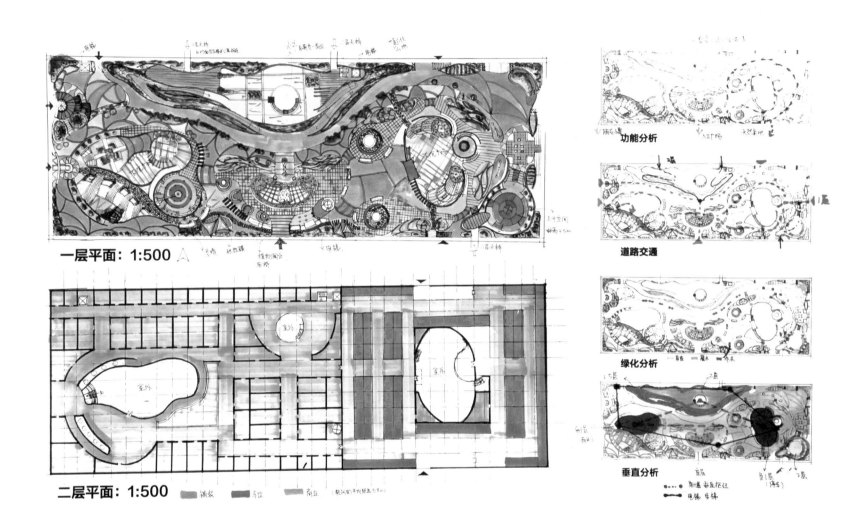

一层平面：1:500

二层平面：1:500   铺装 车位 商业

功能分析

道路交通

绿化分析

垂直分析

设计说明

设计目标为趣味性和功能性的结合。趣味性：缓缓起伏的山体，可以使人在都市中享受田园之美，升起的山体通过天桥与对面建筑相连，山体内为商业。功能性：三个垂直枢纽使人可以直达负一层的商业车库及对面的写字楼。

经济技术指标

基地面积	2.35 公顷
负层商铺面积	9 000 平方米
负层停车面积	9 500 平方米
商业用地	12 000 平方米
柱子间距	7～9 米
总车位	210 个
车位面积	2.5 米×5 米
预计商家数量	50 家

2012 级大三 · 城市主题公园设计案例

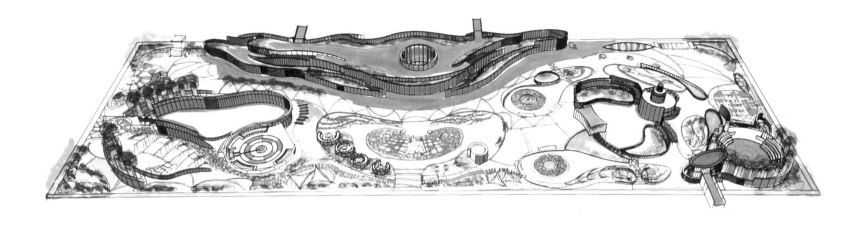

透视一

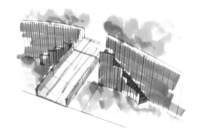

透视二

透视三

透视四

教师评语

方案主要分为四个相对独立的空间，通过东西向的步行轴线联系。各分区设计丰富多样，对于高差的把握较好。采用天桥进行片区间的联系，并能够考虑到与地块南侧办公楼之间的交通联系，是一大亮点。建议考虑对整块用地进行地下空间的开发可行性。方案表现色彩鲜艳，刻画细致，但铺装设计过多，且铺装和田园景观色彩相似，显得较为杂乱。剖、透视较简单。另外方案的水系和景观布置表现不够连贯，整体感不强。

城市公园设计

张航

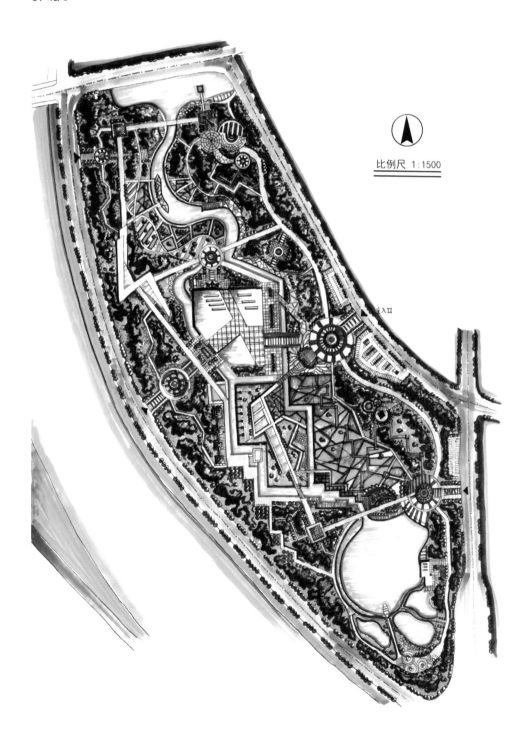

比例尺 1:1500

主入口

经济技术指标

总面积	33 公顷
公园游人总量	1.4 万人
游人人均所占面积	23.6 平方米
建筑用地	1.3 公顷
公共绿地	30.2 公顷
道路用地	1.5 公顷
容积率	0.062
绿地率	91.0%
停车位	118 个

设计说明

天津是一个以工业而著名的城市，其工业文明灿烂丰富，该城市公园设计以"工业"为主题，以"融合"为辅助，用象征着钢铁的直线作为道路贯穿整个场地，再辅助曲线作为对直线的一种融合，达到刚柔并济的效果。

整个公园分为三个区域，分别为"历史的回顾""现代的融合""未来的展望"。中间有一条象征着海河的微缩水系贯穿整个场地，将三个区域连成一个整体。人们可以沿着该水系任意嬉戏玩耍。在场地内部设置有圆形广场、立体雕塑、亲水平台和大片的花田供人们停留参观，还有一个历史展览馆陈列天津近百年的工业发展历程。

2012 级大三·城市主题公园设计案例

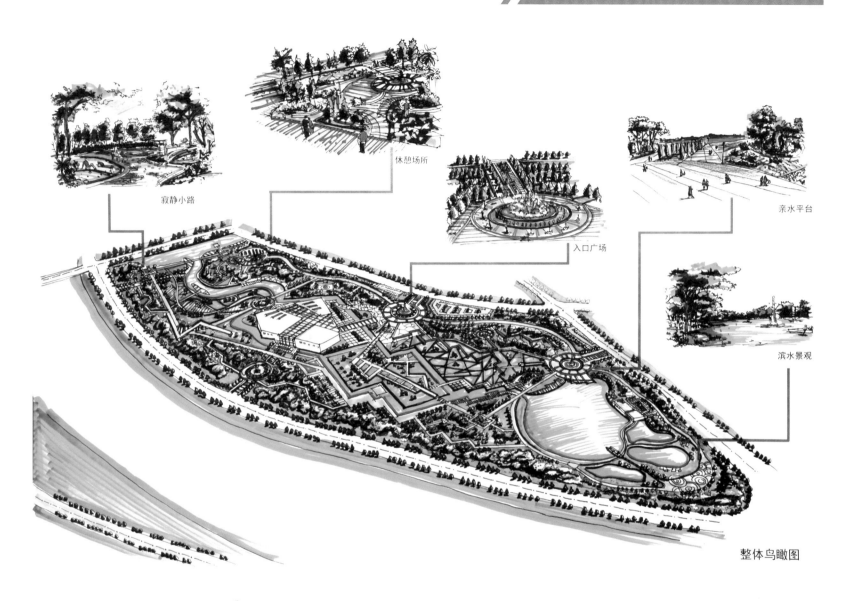

寂静小路

休憩场所

入口广场

亲水平台

滨水景观

整体鸟瞰图

功能分区

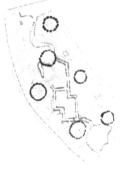

主要节点分析

交通流线分析

教师评语

方案由东西向的规划结构和南北向的景观结构构成，场地内以自然景观为主，绿地主题不同，形态多样。景观小品与水系的结合灵活多样，曲线及折线的过渡使方案不至于单调。方案表现技法娴熟，色彩适宜。鸟瞰图及效果图表达充分具体。方案采用折线道路作为钢铁的象征，以呼应工业纪念园的定位，但折线道路与行车及消防的需求存在矛盾。

建议设置小体量步行街、其他主题场馆、工业构筑物等多种元素，丰富工业纪念园区的功能业态，吸引和活跃人群。

2014 级大三 · 城市公园快速设计案例

Chapter four

■ 基地概况　CIRCUMSTANCE

基地 1：西柳公园

天津市以举办 2017 年全运会为契机，开展全方位、全覆盖的市容环境综合整治。全运会场馆周边的 17 座公园的提升改造工作得到全面进行。西柳公园是此次提升改造的重点项目之一。提升改造的内容主要是对破损设施进行更新，同时根据市民需求选取适合区域增加运动跑道和活动广场，方便市民游园健身。

西柳公园位于河西区大沽南路和珠江道交叉口，用地面积约 4 公顷。基地紧邻地铁 1 号线财经大学站，附近有天津财经大学、天津科技大学、天津医学高等专科学校、天津统计职专等院校，还有大量居住区。

基地 2：南开公园

按照 2017 年初提出的"全运惠民工程"实施方案，2018 年年底前，本市将实施天津市体育设施建设空间布局规划，为百姓打造"15 分钟健身圈"，将提升和改造十几个本身具有一定体育设施条件的公园。南开公园是此次提升改造的重点项目之一。

南开公园位于南开区南开二纬路和南开五马路交叉口，用地面积约 3 公顷。基地紧邻地铁 1 号线二纬路站，附近有南开医院、南开中学、五马路小学等公共服务设施，还有格调故里、风荷新园、广泰园等大量居住区。

基地 3：珠江公园

珠江公园位于河西区珠江道和榆林路交叉口，用地面积约 4 公顷。基地紧邻地铁 1 号线华山里站，附近有河西区中心学校、微山路中学、枫林路中学、双水道中学等公共服务设施，还有四季馨园、九江里、汉江里等大量居住区。

珠江公园位于人口稠密地区，是市容环境综合整治工程重点之一，目标是建设成为融观赏、休憩、娱乐、文化于一体的城市多功能公共绿地。

天津市公园改造提升规划快题设计　**选址**

基地 1

基地 2

基地 3

■ 设计内容　CONTENT

1. 总体布局设计

通过对基地整体环境和自然、历史、文脉等的分析，突出规划区城市设计的总体构思，确定空间形态及大致功能布局。

2. 开放空间群体设计

通过对土地利用、城市轮廓线、景观轴线、视线走廊等方面的分析，利用相关方法进行分析，确定绿地、广场、水系等开放空间的位置、作用、形状、规模以及周围建筑的形体设计；重要的位置做出较为详细的环境设计；确定标志性建筑、构筑物和主要节点的位置，主要解决空间形式、体量、色彩、退线等设计问题。

3. 交通规划设计

主要解决车流、人流与城市交通之间的矛盾。确定规划区的交通组织方案和交通流线组织原则，着力解决交通组织和停车问题。

4. 绿化景观设计

确定规划区绿化及景观系统布局，主要解决公园、广场、街头绿地、庭院绿化等的设计问题。

规划设计条件　CONDITION

1. 存量建筑、场地、植被、水体等的处理：在合理评测的基础上酌情进行保留、拆除、修缮或改造。

2. 建筑物、构筑物限高：建筑物限高 12 米，构筑物限高 30 米。

3. 容积率：≤ 0.1。

4. 绿地率：≥ 60%。

5. 建筑密度：≤ 10%。

6. 停车位：按照天津市相关规范设置。

成果要求　DEMAND

1. 主要图纸要求

规划总平面图：1/500。

简要的设计说明（300 ~ 600 字）和主要经济技术指标。

规划方案分析图：现状存量处理、功能结构分析、道路交通分析、绿化景观分析及其他必要的分析图，比例自定。

重要节点平面放大图：2 处，比例自定。

整体鸟瞰图、重要节点效果图：比例自定。

2. 表现方式

设计图图幅为 1 张 0 号图，可以绘制于硫酸纸纸质上，也可以绘制于绘图纸纸质上。工具和表现方式以手绘为主，墨线淡彩（水彩、马克笔、彩铅等），徒手绘制于图纸上。不允许直接用机器制图及打印相关机器制作的成果图。

快题设计

杨骁

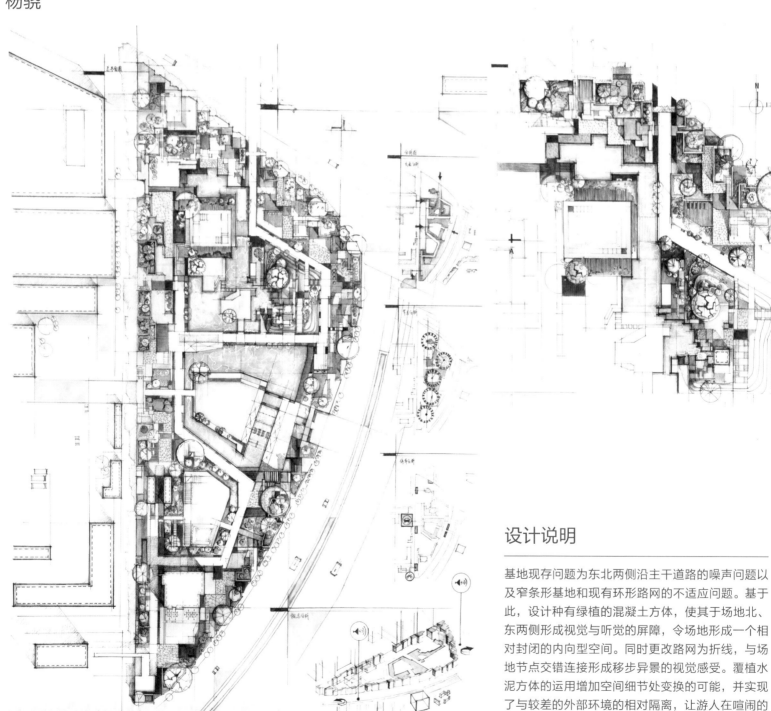

设计说明

基地现存问题为东北两侧沿主干道路的噪声问题以及窄条形基地和现有环形路网的不适应问题。基于此，设计种有绿植的混凝土方体，使其于场地北、东两侧形成视觉与听觉的屏障，令场地形成一个相对封闭的内向型空间。同时更改路网为折线，与场地节点交错连接形成移步异景的视觉感受。覆植水泥方体的运用增加空间细节处变换的可能，并实现了与较差的外部环境的相对隔离，让游人在喧闹的城市生活中获得一处自然而宁静的"世外桃源"。

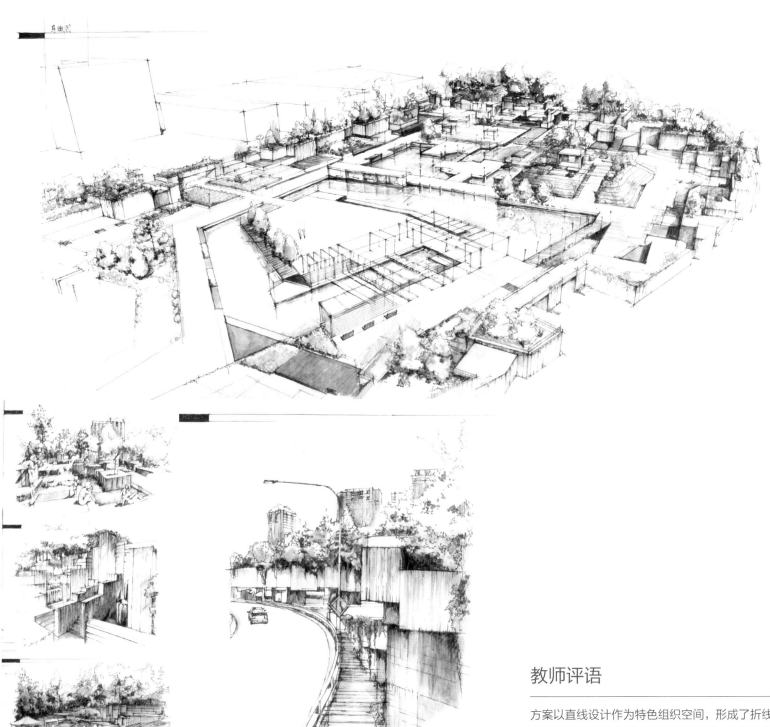

教师评语

方案以直线设计作为特色组织空间，形成了折线的主要流线与开敞空间，空间结构清晰，主要的广场与滨水空间的设计可以进一步深化。手绘表现配色和谐，线条流畅，透视关系表达准确。

快题设计

柴彦昊

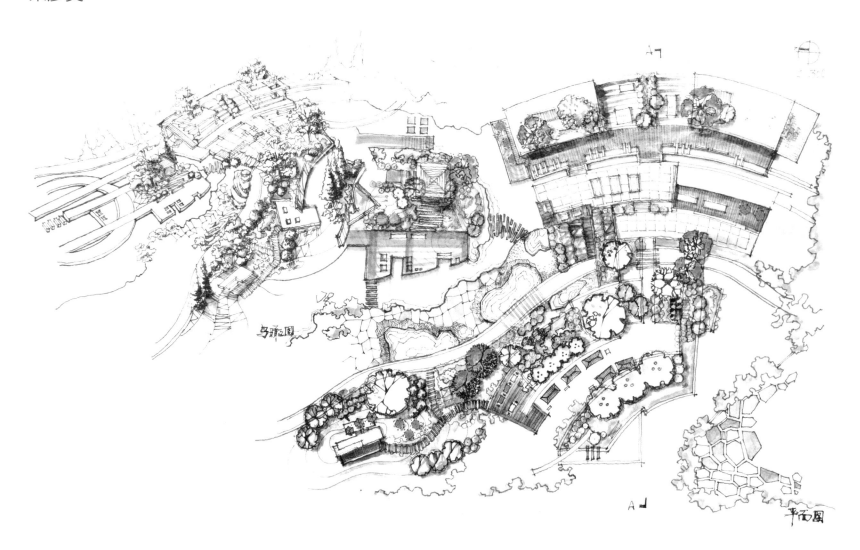

设计说明

该城市公园位于城市居民区与商业区之间，基地周边居民缺少公共服务及集合休闲空间。故该设计以原始水系展开，在园中加入露天看台、社区集市、儿童娱乐、餐饮空间、运动休闲等公共空间，并将其在此狭长地形中以非线性的方式组合起来。同时在各个空间中加入生态涵养区和树木绿化区。

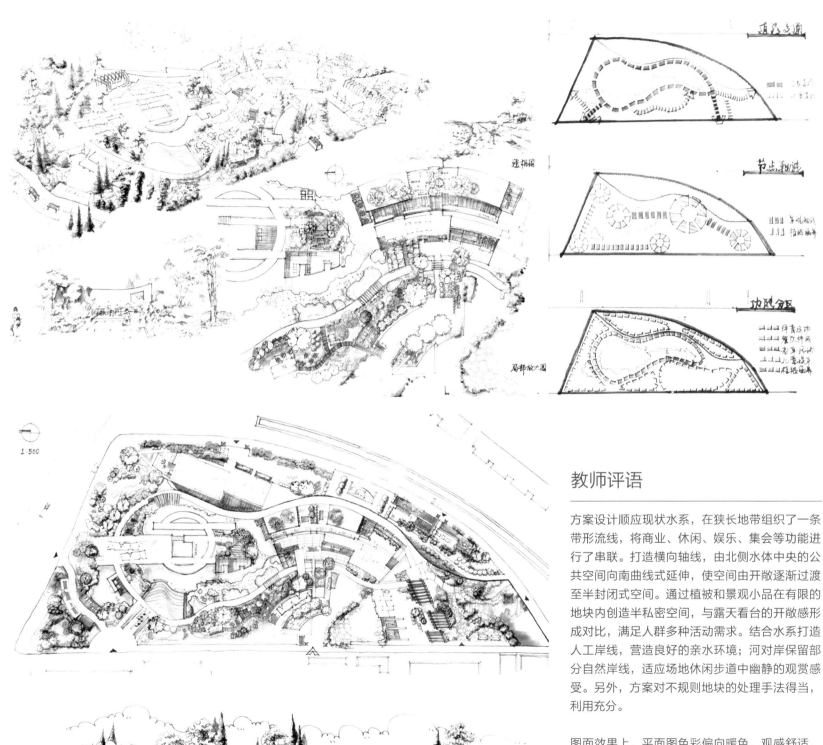

教师评语

方案设计顺应现状水系，在狭长地带组织了一条带形流线，将商业、休闲、娱乐、集会等功能进行了串联。打造横向轴线，由北侧水体中央的公共空间向南曲线式延伸，使空间由开敞逐渐过渡至半封闭式空间。通过植被和景观小品在有限的地块内创造半私密空间，与露天看台的开敞感形成对比，满足人群多种活动需求。结合水系打造人工岸线，营造良好的亲水环境；河对岸保留部分自然岸线，适应场地休闲步道中幽静的观赏感受。另外，方案对不规则地块的处理手法得当，利用充分。

图面效果上，平面图色彩偏向暖色，观感舒适，手绘技术娴熟，表现精彩。鸟瞰图虽用墨线表达，但表现生动具体。效果图及节点放大图表达充分细致，能很好地体现方案构思。

南开公园改造

唐诗梦

总平面图

标注

1. 入口广场
2. 中心广场
3. 环状坡道
4. 咖啡厅
5. 管理用房
6. 健身步道
7. 乒羽球场
8. 棋牌活动区
9. 门球场
10. 健身器械区
11. 篮球场
12. 滑板广场
13. 社区活动广场
14. 社区种植花园
15. 社区跳蚤市场
16. 艺术展厅
17. 儿童游艺区
18. 健身者休息区

健身者休息岛

景观小路

设计说明

本方案延续了南开公园原"大众健身"的主题，并加入了促进游人之间相互交流的元素。方案保留了原有的乒乓球、羽毛球场地，并对原健走步道进行了改造，使其与其他园路有所分隔，以减少步行者与慢跑健身者之间的干扰。

本方案主要分为综合活动区、儿童游艺区、社区活动区和运动健身区四个功能分区，四个部分划分明确又相互联系。核心景观为集景观与各种活动场地于一体的环状坡道。本方案旨在使游人们在活动中交流，并鼓励人们参与到运动健身之中。

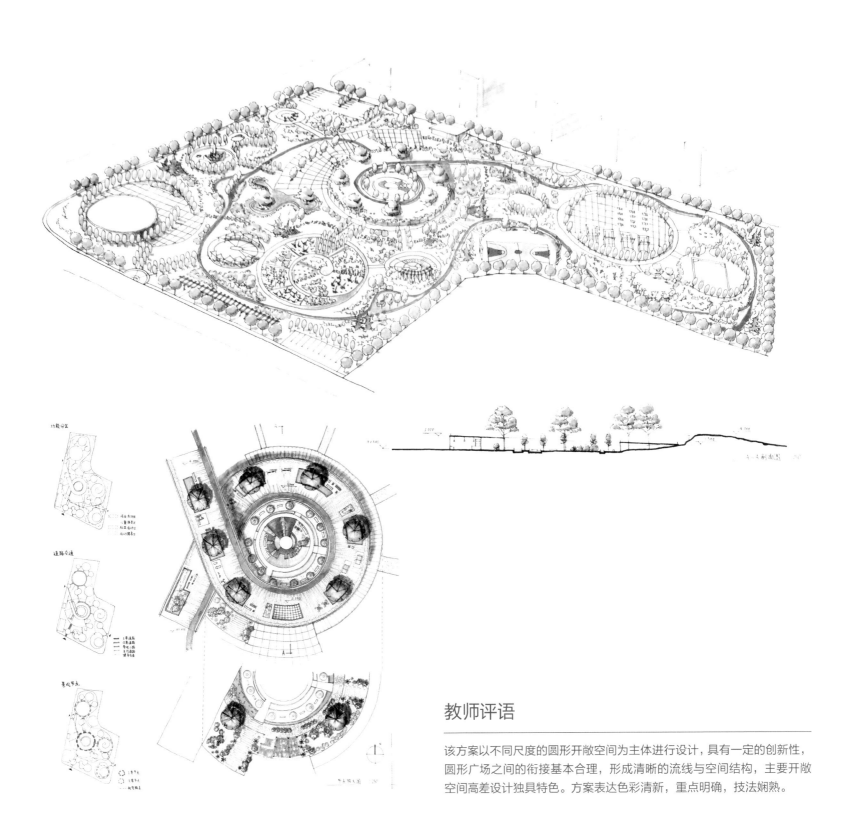

教师评语

该方案以不同尺度的圆形开敞空间为主体进行设计，具有一定的创新性，圆形广场之间的衔接基本合理，形成清晰的流线与空间结构，主要开敞空间高差设计独具特色。方案表达色彩清新，重点明确，技法娴熟。

南开公园改造设计

李金宗

标注

1. 中心喷泉广场
2. 活动广场
3. 半岛式亲水平台
4. 湖边亭
5. 小桥流水
6. 篮球场
7. 羽毛球场
8. 乒乓球场
9. 活动草地
10. 儿童培训中心（保留）
11. 沙坑
12. 植物迷宫
13. 模拟城堡
14. 儿童活动器械
15. 徽派长廊（保留）
16. 休闲小广场
17. 紫藤廊架
18. 健身区
19. 休憩廊架
20. 林中小屋
21. 眺望亭
22. 雕塑（保留）
23. 武术、太极活动区
24. 毽球活动区
25. 公共厕所
26. 公园管理用房
27. 北湖
28. 观景亭（保留）
29. 眺望谷（保留）
30. 静园

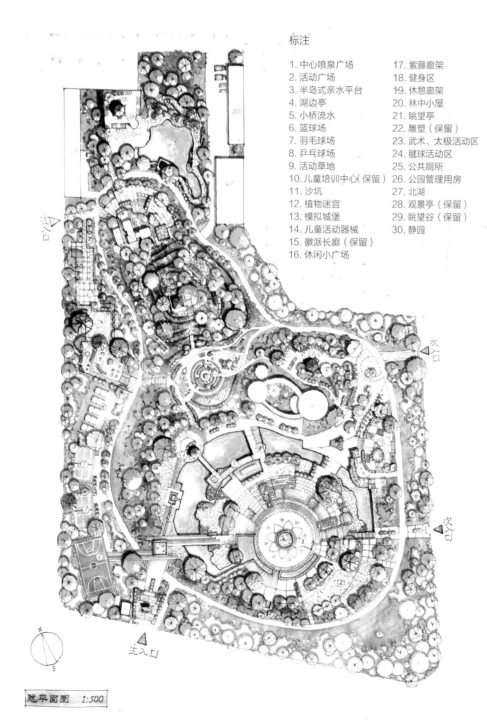

总平面图 1:500

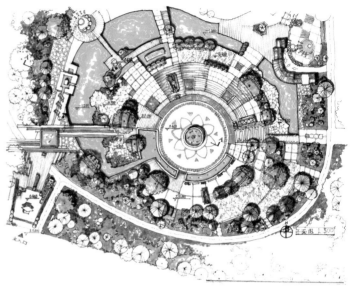

平面图 1:500

经济技术指标

规划总面积　　3.95 公顷
规划总面积　1 800 平方米
建筑密度　　　4.6%
容积率　　　　0.75
绿地率　　　　75%

设计说明

方案前期通过场地调研及与 20 余名公园使用者的访谈，总结出公园现状核心问题，梳理出公园的实际使用状况和较受欢迎的活动及区域，同时了解其缺乏的功能。在改造设计中解决核心问题的同时，保留并优化原功能区域，增设缺乏功能及设施，既满足原使用者的需求，提升公园体验，又可吸引新的人群，增添公园活力。

2014 级大三·城市公园快速设计案例

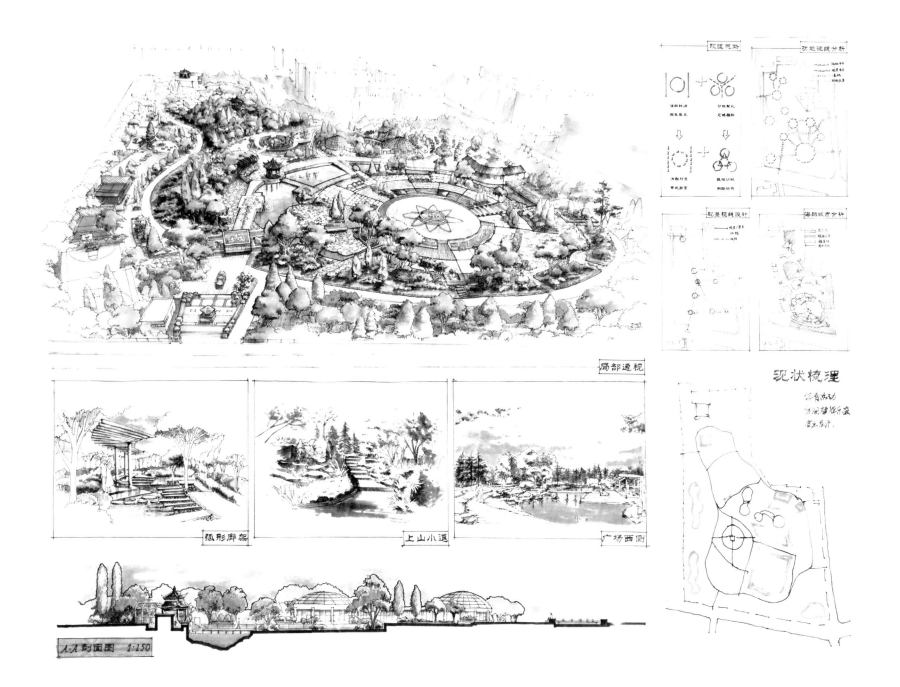

教师评语

该方案以使用者的反馈与需求为出发点进行设计，流线设计清晰合理，开敞空间系统完整通达，空间层级条理分明。
方案表现层次清楚，配色风格清新，技法娴熟，具有较强的表现力。

珠江公园改造设计快题设计

邓天怡

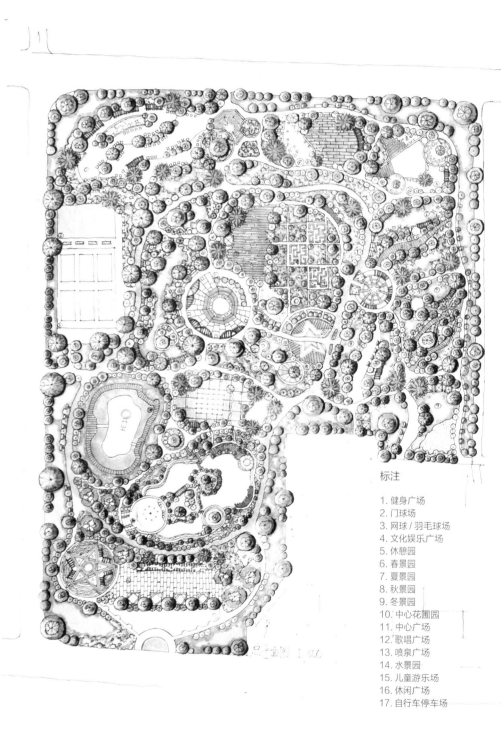

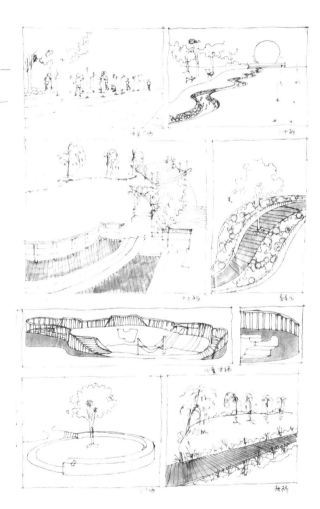

标注

1. 健身广场
2. 门球场
3. 网球 / 羽毛球场
4. 文化娱乐广场
5. 休憩园
6. 春景园
7. 夏景园
8. 秋景园
9. 冬景园
10. 中心花圃园
11. 中心广场
12. 歌唱广场
13. 喷泉广场
14. 水景园
15. 儿童游乐场
16. 休闲广场
17. 自行车停车场

设计说明

（1）公园主体定位：休闲、娱乐、健身。

（2）活动场地混乱——明确功能分区。

（3）视线无定点——设置清晰轴线与道路主线。

（4）健身器材少——在健身场地专区设置。

（5）文娱设施少——提供牌桌等硬件设施。

（6）儿童娱乐设施少——设置专门的、集中的儿童游乐场。

2014 级大三·城市公园快速设计案例

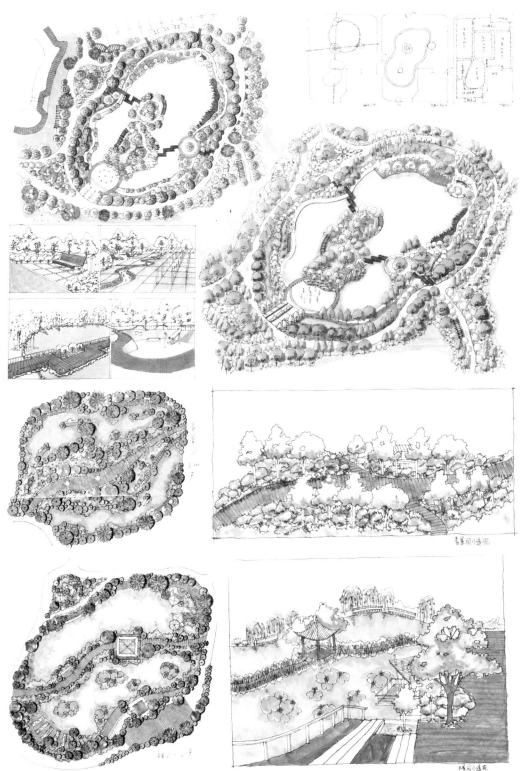

教师评语

方案为对一个现状公园进行的改造规划，改造后的规划轴线感不太清晰，仅有入口集散场地以空地的形式展现。各个主次节点之间联系性不强，往往有一些错位现象。功能分区通过不同片区铺装和设计元素的差异加以区别。园区内车行和步行体系规划合理，道路级别划分清晰。道路线形自然优美，曲线舒缓迂回，适应游客游览需要。园区内的植被选取种类丰富，配置多样，有意识进行了乔灌草的结合布置。北部地块植被和铺装分布过于均质，没有突显出设计的重点。在表现上，平面色调统一而舒适，效果图表现简略，几个节点鸟瞰图选取角度过高，与平面效果相接近。

南开公园改造设计

韩泽宇

标注

1、入口广场
2、自行车停车场
3、卫生间
4、老年人活动广场
5、健身活动区
6、武术活动场
7、太极活动场
8、毽球活动场
9、园内办公区
10、生态休闲区
11、室外上网区
12、林荫道
13、眺望亭
14、垂钓台
15、临湖棋牌区
16、水生植物区

17、滨水平台
18、植物迷宫
19、沙坑
20、儿童活动广场
21、乒乓球场
22、羽毛球场
23、特色花田休息区
24、篮球场
25、儿童足球场
26、休息广场

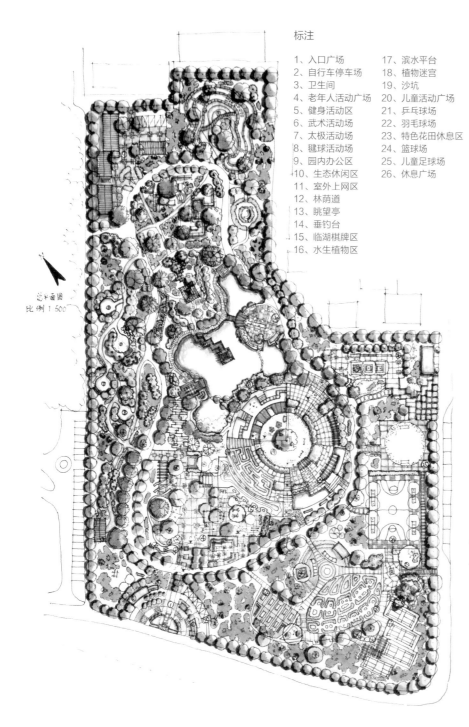

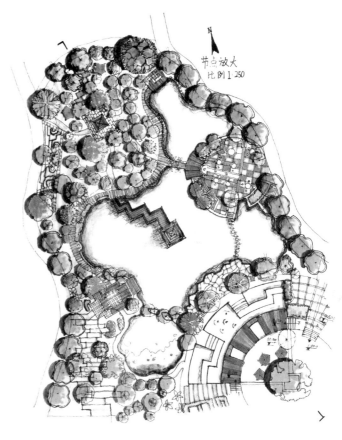

设计说明

（1）保留原有健身步道与主要路网结构。

（2）将原有巨大的广场分成小广场，不同人群的活动场所分区。

（3）将分散的办公区和运动场所集中布置。

（4）将眺望厅、山景和湖景并置，打造园内主要的景观区。

（5）加入年轻人户外上网区，设置健身打卡的上网时间的模式。

（6）保留园内生长旺盛的树中，在树种集中区打造生态休息区。

（7）对公园周边的功能进行完善，增加机动车停车位。

（8）增加植被密度和遮阳设施，可使用户户外活动时间延长。

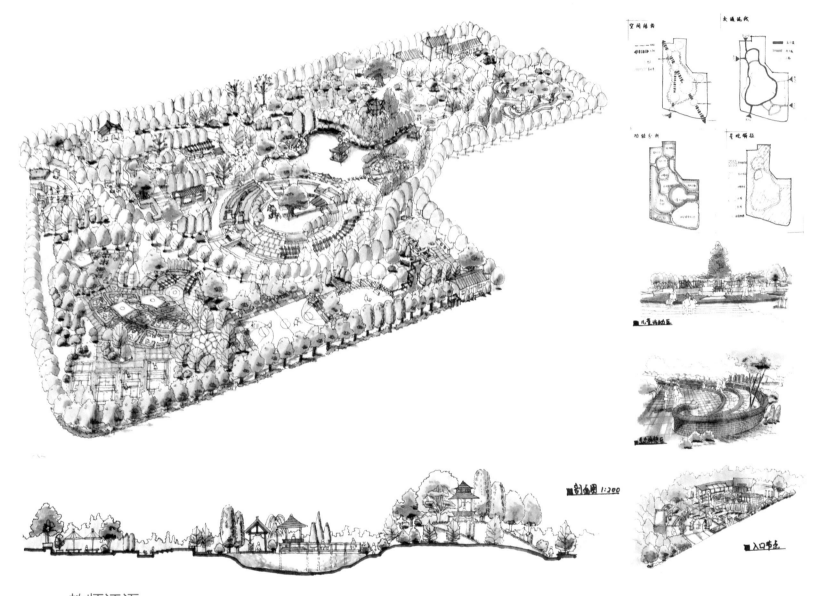

教师评语

方案规划了斜向 Y 字形空间结构，将中心广场、公园主入口与地块北侧的办公区域联系起来。但主入口方向的轴线被景观、碎石铺装等影响，没有突显出来。中心圆广场对放射性的展现也多于指向性。路网结构采用环形曲线形式，地块内部没有设置停车场，在周边地块设置停车位的方法没有必要，也容易影响外部道路交通。建议在邻近主入口、体育场地和办公区的位置设置适量的停车场。在景观上，中心广场的改造防止其面积过大，还进行了多种活动的分区，设计合理。北侧山体中的景观小品和水景中的栈道也与广场进行了呼应。周边区域设置休息区、体育活动区和生态区域，主次分明。景观树用色鲜艳，起到点景作用，强调了环线线形。在次要节点中使用的景观树种类过多，稍显杂乱。

在表现上，鸟瞰图中植被种类过多、过大，遮挡了方案规划结构。剖面图对地形和景观小品的表现效果较好。

南开公园改造实践

李雪飞

节点放大图

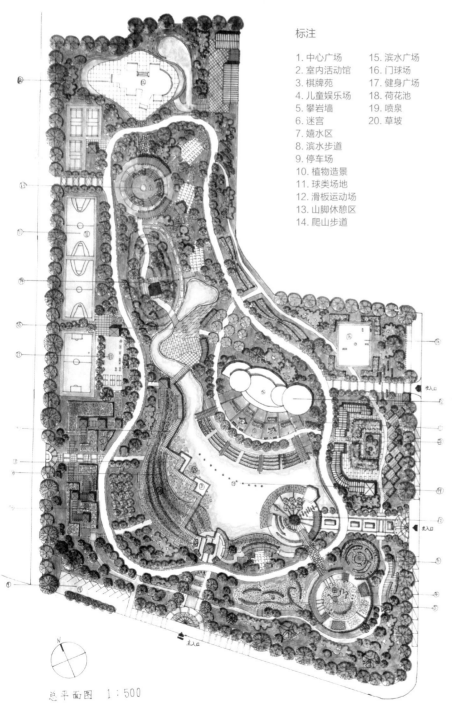

标注

1. 中心广场
2. 室内活动馆
3. 棋牌苑
4. 儿童娱乐场
5. 攀岩墙
6. 迷宫
7. 嬉水区
8. 滨水步道
9. 停车场
10. 植物造景
11. 球类场地
12. 滑板运动场
13. 山脚休憩区
14. 爬山步道
15. 滨水广场
16. 门球场
17. 健身广场
18. 荷花池
19. 喷泉
20. 草坡

N

总平面图　1:500

设计说明

南开公园是天津市重点改造的社区公园。设计方案改造的重点为在坚持全民健身主题的基础上，完善公园的功能结构，提升公园的活力，为各年龄阶层的人提供多种多样的活动休闲空间，为社区居民创造一个休闲、健身、便利、生活交流的绿色空间。

具体的改造措施为：保留原有的山地环境以及中央建筑，同时引入水体环境，健身步道与环路相结合，运动健身设施沿环路外围分布，环路内部为供人休息放松的场地；山顶的凉亭为园区制高点，可俯瞰公园全貌。

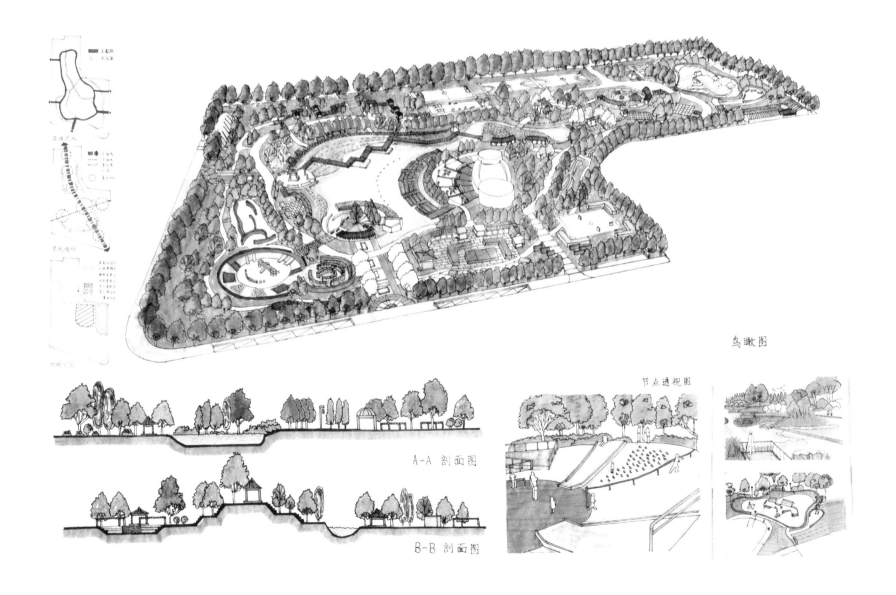

鸟瞰图

节点透视图

A-A 剖面图

B-B 剖面图

教师评语

方案以全民健身为主题，兼顾使用人群的多种需求，设计方案流线清晰，结构突出，空间尺度疏密有致，功能分区明确且合理，并且巧妙地利用高差创造景观特色。方案表现亦准确到位，重点突出，色彩丰富，笔触流畅。

南开公园快题设计

李璐

标注

1. 入口广场
2. 公共高地
3. 广场
4. 茶水广场
5. 水边游步道
6. 老年健身区
7. 散步广场
8. 茶室
9. 草坪
10. 散步道
11. 沙坑
12. 玩具区
13. 水迷宫
14. 7人足球场
15. 公共卫生间
16. 公共健身区
17. 小散步道
18. 乒乓球场
19. 羽毛球场
20. 植物园
21. 管理房
22. 自行车停车棚
23. 自从车停车棚
24. 停车位

比例 1:500

设计说明

与自然接触是现代人的一种信仰，人与人之间的交流是现代都市生活正在流失的宝藏。本项目位于城市中心老区，周边环境为老旧小区与部分高品质小区、办公单位，总体居住环境老化比较严重，缺乏绿化与公共活动场所，居住者多为中老年人群与其子女。本项目对原有开放空间的改造主要是为了提升老居住社区的环境质量，并为城市社区提供一个人能更好地活动交流的公共空间，连接新老社区。此外，方案所在地拥有与大范围背景相连的各种优点：居住与办公区在周围分布较密集，公园可以分散人群，充分给大家提供放松身心的环境。环绕中央广场的运动步道不仅满足了人们健身的部分需求，同时也连接了各个景观节点。

它以一条不规则形步道与其环绕的多功能广场为中心，为附近社区提供了多功能的开放空间，广场和平台的框架功能十分丰富，可以举办文化活动、居民聚会及节庆等。主入口的自然台地延伸至中心广场各个休闲开放空间、亲水平台、开放草地、活动区等娱乐休闲区。公园一侧还种植了各种本地特色植物的植物园，与散步步道共存，同时也通过植物将公共空间与周边小区中更为私密的环境适当分隔。另外对入口停车区域进行提升，除机动车停车场外，根据周边居民常使用自行车的现状，设有自行车棚。本次设计意在使城市公园更加贴近人们，满足人们对城市公共空间的生活需求。

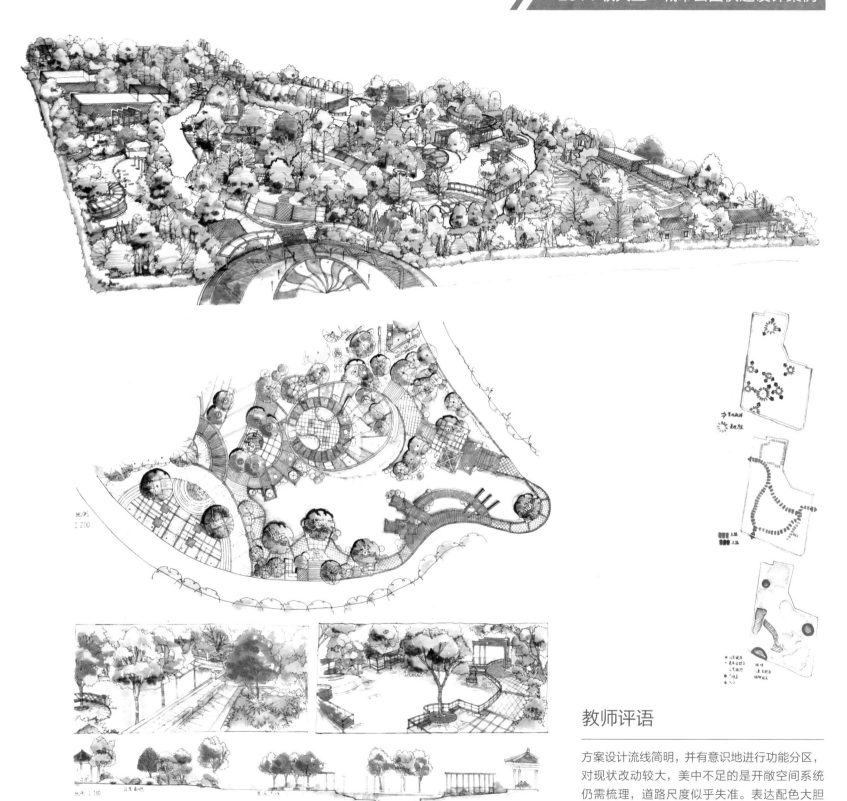

教师评语

方案设计流线简明，并有意识地进行功能分区，对现状改动较大，美中不足的是开敞空间系统仍需梳理，道路尺度似乎失准。表达配色大胆亮眼，透视图技法熟练，平面图仍需突出重点。

快题设计

龙治至

标注
1. 展览空间
2. 滨水游览空间
3. 音乐观景喷泉
4. 浅水嬉戏平台
5. 叠水溪流
6. 生态密林区
7. 生态梯田
8. 生态交流区
9. 树阵广场
10. 活动中心

设计说明

西柳公园位于河西区大沽南路和珠江道交叉口，是全运会场馆周边 17 座公园提升改造项目之一，用地面积 4 公顷左右。基地紧邻地铁 1 号线财经大学站，周边有多所院校和大量居住区。

由于基地呈狭长形状，设计思路以流线为主导—— 一条富有张力的折线主流线贯穿南北，并将公园分成景观休闲、高强度运动、儿童草坪剧场等几大功能区，满足了不同年龄段人的不同健身休闲需求。设计独特的花卉台地、攀岩和竞技场、给孩子们带来欢乐的儿童草坪剧场……动静相宜的城市公园将为人们营造广阔的交流与健身空间。

2014 级大三 · 城市公园快速设计案例

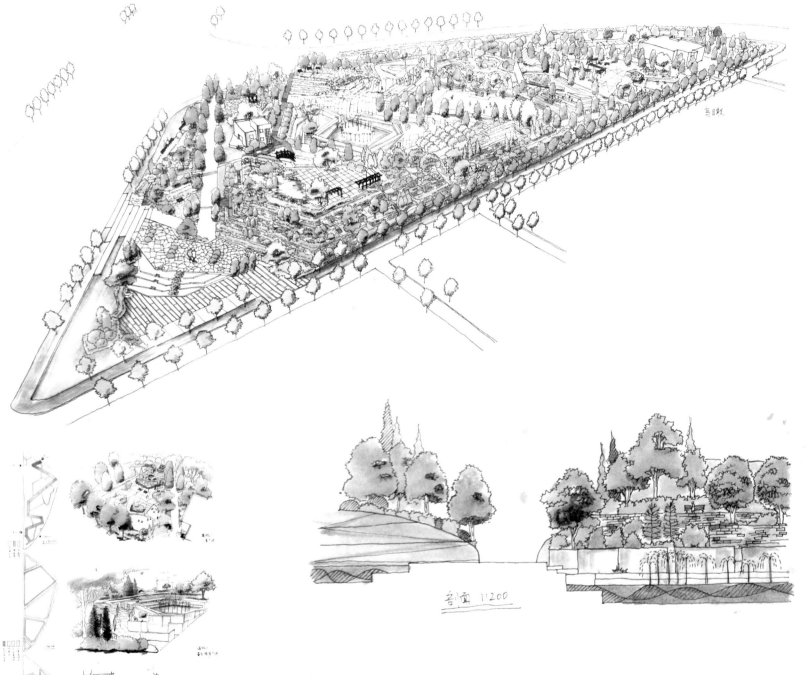

剖面 1:200

教师评语

方案折线形的流线设计富有辨识度，从空间结构到细部设计都体现出该母题。功能分区简明合理，细节流线丰富，开敞空间系统各有特色，体现出扎实的设计功底。图面表现配色清新，技法娴熟，透视图还应突出重点。

南开公园改造设计

苏杭

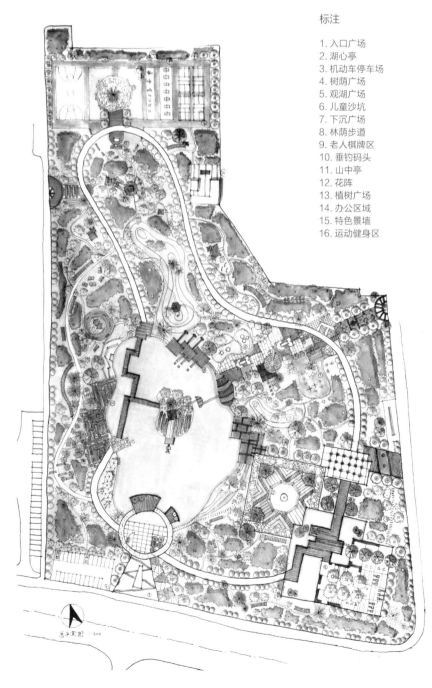

标注

1. 入口广场
2. 湖心亭
3. 机动车停车场
4. 树荫广场
5. 观湖广场
6. 儿童沙坑
7. 下沉广场
8. 林荫步道
9. 老人棋牌区
10. 垂钓码头
11. 山中亭
12. 花阵
13. 植树广场
14. 办公区域
15. 特色景墙
16. 运动健身区

设计说明

本公园位于天津市南开区，南临西市大街，东临南开五马路，西北方向临住宅区，占地约 4.87 公顷。

本设计为方便周边市民共享社区公园，分别布置了四个出入口，公园主入口位于西市大街，东侧两入口临南开五马路，西入口接格调故里。公园以人工湖为中心设置三条主要景观轴线，并沿湖岸设置景观节点，如入口景观广场、林荫休闲广场、观湖广场、植树广场等活动空间供市民公开活动，山中亭、湖心亭及靠近西侧的景观带供市民观赏自然风光。此公园是集观赏游览、文化、娱乐、休闲等多项功能为一体的景观优美、使用方便的开放式综合性公园。

交通道路　　景观分析　　功能分析　　动静分区

教师评语

方案设计流线清晰且与水域互动，富有趣味。功能分区突出动
与静、开敞与私密，结构清晰。水体岸线设计有提升的空间。
手绘表达娴熟，色彩清新，重点突出。

南开公园改造设计——打造居民体验多样化的传统园林式社区型公园

王晶逸

标注

1. 山间观景亭
2. 观棋廊
3. "半池"茶室
4. 林间楼道
5. 舞剑场
6. 休憩小亭
7. 太极养生场
8. 踢毽健身场
9. 休憩长廊
10. 景墙
11. 服务咨询中心
12. 湖中景观亭
13. 入口太湖石
14. 竹廊
15. 多功能广场
16. 少儿兴趣活动中心
17. 少儿室外娱乐区
18. 体育休闲活动场所
19. 青少年活动场所
20. 卫生间

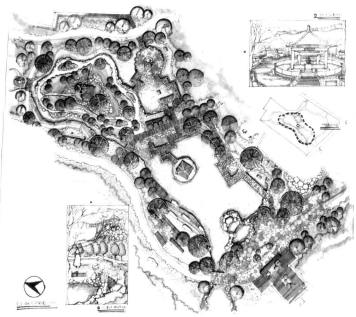

经济技术指标

规划总用地面积	3.46 公顷
水体面积	3 089.9 平方米
陆地面积	31 553.6 平方米
绿地面积	24 549.1 平方米
建筑面积	435.7 平方米
容积率	1.2
绿地率	70.8%

设计说明

本次南开公园改造设计，以传统园林空间营造手法打造促进居民休闲活动系统、体验多样化的社区性公园。

南开公园始建于 1953 年，属于中国传统园林特色，经几次改造，公园仍保留一些传统园林式元素。中国传统园林善用山、水、石、木及建筑物等元素营造富有体验层次的空间。南开公园周围建有多个社区和中小学，居民和青少年成为南开公园的主要活动人群。故本方案从南开公园的历史背景和活动人群出发，将南开公园定位为促进居民与青少年活动交流的社区性公园。

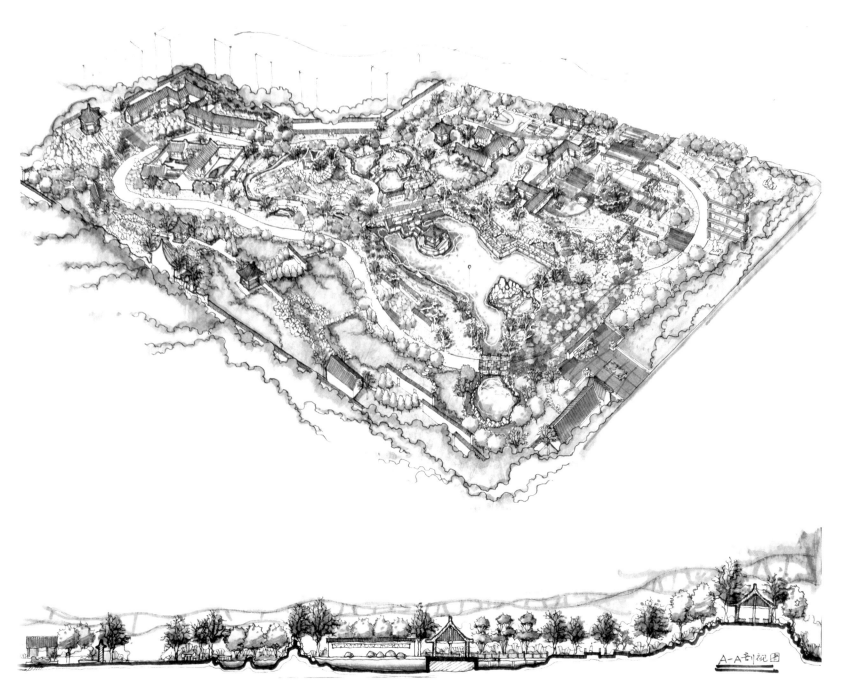

A-A 剖视图

教师评语

该方案以传统园林风格为主题进行设计，流线清晰，空间结构合理，水体的利用为空间创造了丰富的层级与景观特色，空间营造手法多样。方案表达色彩明快，线条流畅，氛围营造能力较强。

珠江公园规划改造设计

王一帆

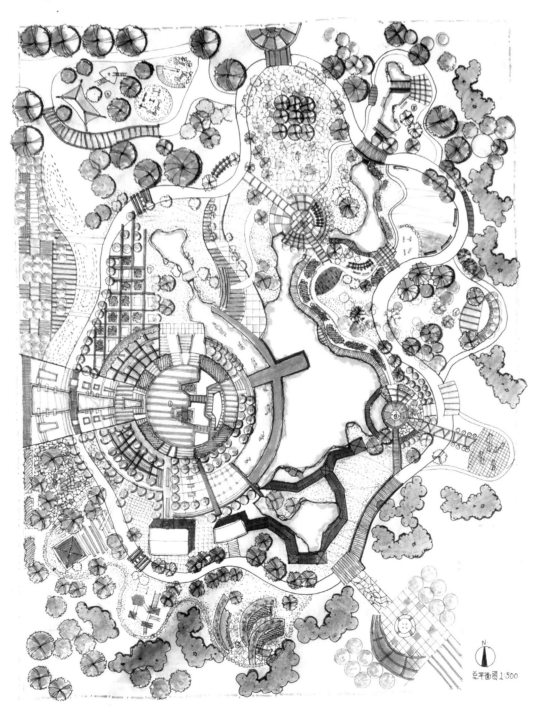

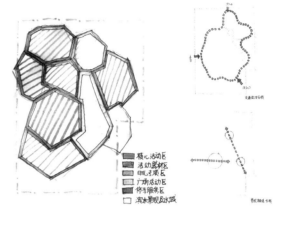

核心活动区
活动器械区
幼儿活动区
广场活动区
停车服务区
滨水景观及水域

标注

1. 中心活动区
2. 活动烧烤点
3. 滨水平台
4. 花藤中心
5. 儿童游乐场
6. 植物园
7. 花卉平台
8. 园林迷宫
9. 大广场

N

总平面图1:500

设计说明

本公园位于珠江路交口，服务于周边居民。
公园一主一副两轴，引入水景建立滨水景
观体系。专门为儿童设计了专项服务区，
吸引老人、儿童到公园游览。沿水为健身
步道，为居民提供多样的游览选择。

2014 级大三 · 城市公园快速设计案例

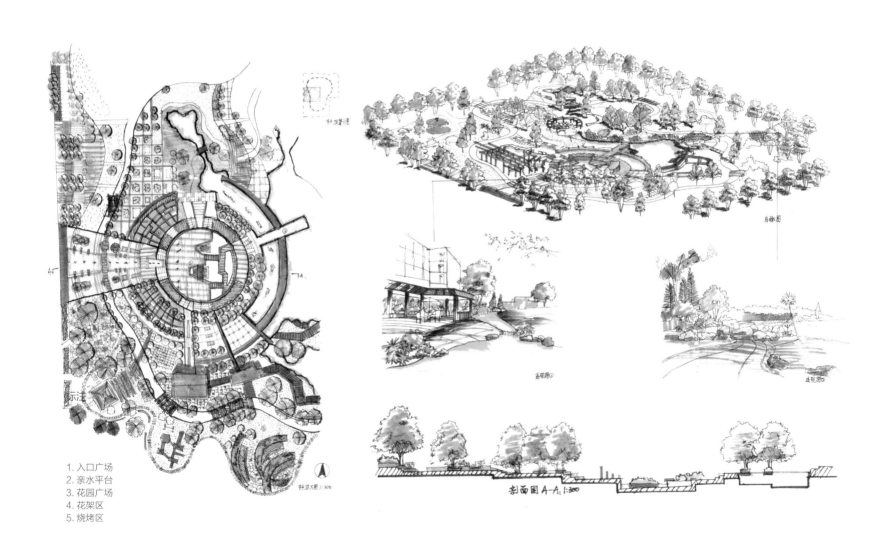

1. 入口广场
2. 亲水平台
3. 花园广场
4. 花架区
5. 烧烤区

教师评语

方案流线设计与空间结构较为明确，重点突出。中央的圆形广场与入口空间作为主要的开敞空间，空间尺度需要斟酌，其余部分设计较为平淡。方案表达用色清新，表现力好，笔触与表达方式可以更加丰富。

珠江公园景观改造

张宇程

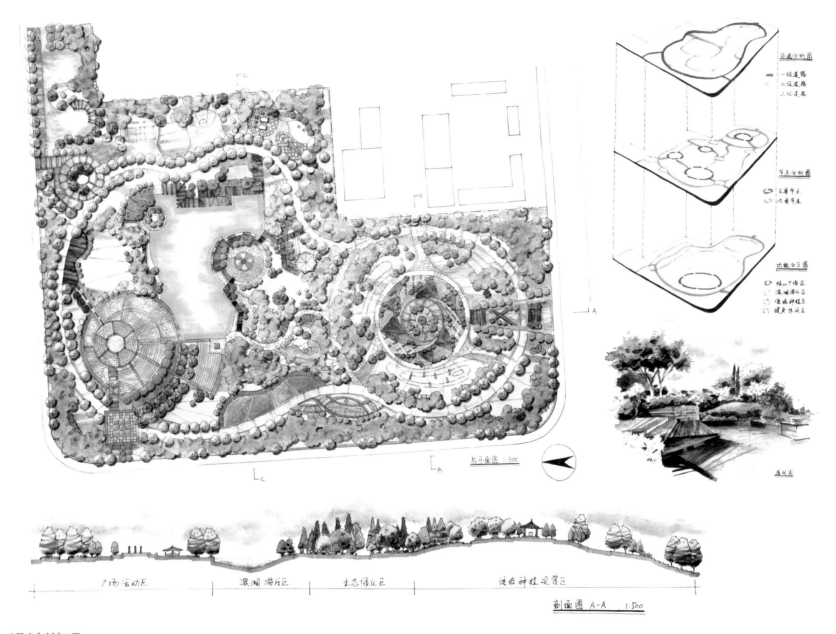

设计说明

珠江公园位于河西区珠江道，属于人口稠密地区，因此公园的改造设计以满足周边居民日常的户外活动为主旨，围绕一水一山两个区域，力求建成融观赏、休憩、娱乐、文化于一体的开放型城市公共绿地。公园共分核心广场区、滨湖游乐区、缓坡种植区和运动休闲区四个区域。

2014 级大三·城市公园快速设计案例

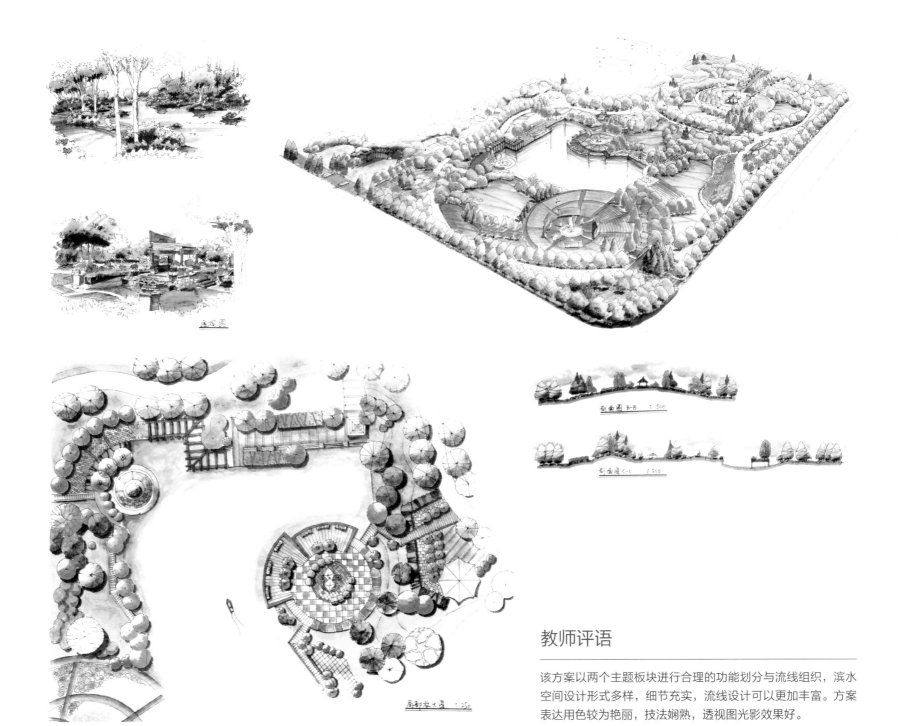

剖面图 B-B   1:500

剖面图 C-C   1:500

局部放大图   1:250

教师评语

该方案以两个主题板块进行合理的功能划分与流线组织，滨水空间设计形式多样，细节充实，流线设计可以更加丰富。方案表达用色较为艳丽，技法娴熟，透视图光影效果好。

珠江公园快题设计

张奕怡

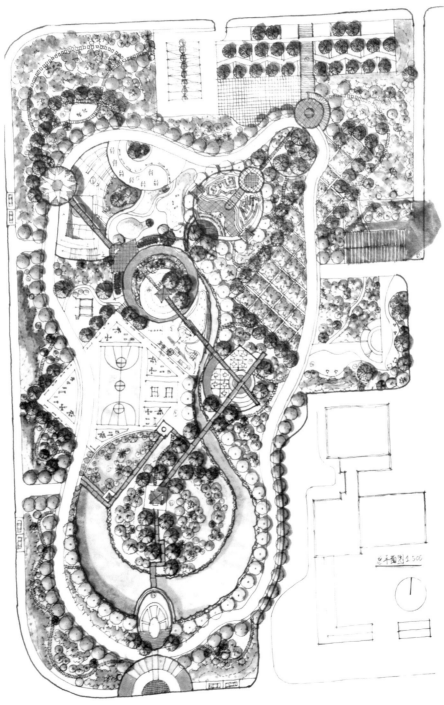

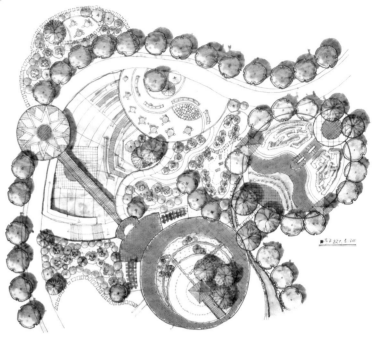

标注

1. 树阵广场
2. 植物迷宫
3. 跌水池
4. 中心广场
5. 栈桥
6. 下沉广场
7. 露台水吧
8. 儿童游乐区
9. 体育活动区
10. 风雨棋苑
11. 假山
12. 荷塘
13. 垂钓区
14. 疗养园
15. 办公区

设计说明

本次公园改造旨在尊重珠江公园现状的基础上改善结构、增强活力。改造设计后，园内所有节点通过步行轴线串联，蜿蜒曲折，充满情趣。珠江公园附近老旧居民区较多，园中设置了相邻的儿童游乐区和风雨棋苑，分别服务于周边居住的儿童和老年人。同时设有健身步道和体育活动区，助力居民强身健体，开展全民健身。邻近第四医院一侧设疗养园和医院专用出入口，方便病人及家属放松身心，并为居民和病人预留种植园，可以让其参与园艺活动。公园西北角结合地铁站出入口设下沉广场，种植园的作物可在此出售。

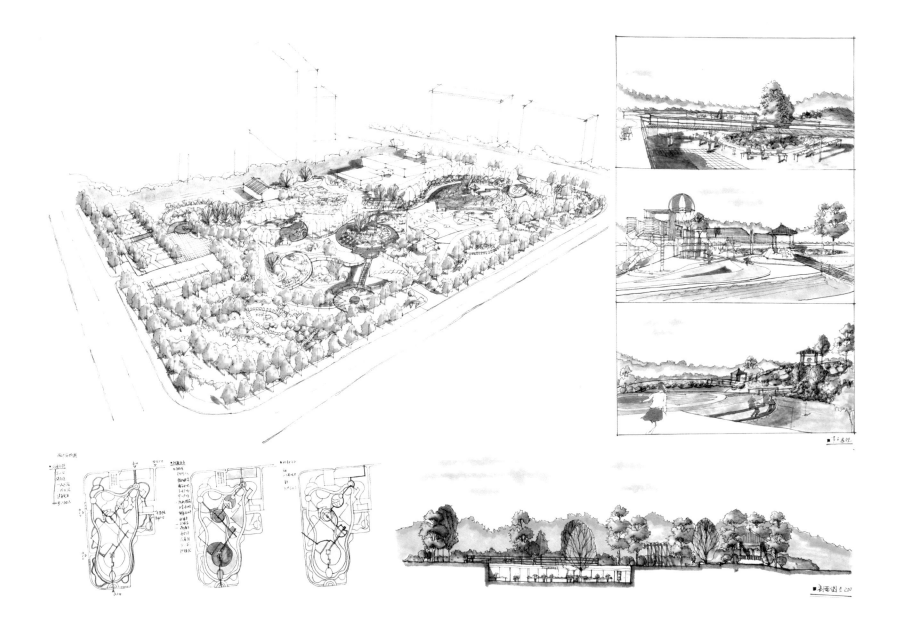

教师评语

设计方案兼顾了不同人群的需求，功能分区合理，轴线清晰且设计手法富有童趣，滨水空间的设计形式可以更加丰富。方案表现配色清新，细节表达较为充分，透视图关系处理合理，表现细腻。

快题设计

赵昭

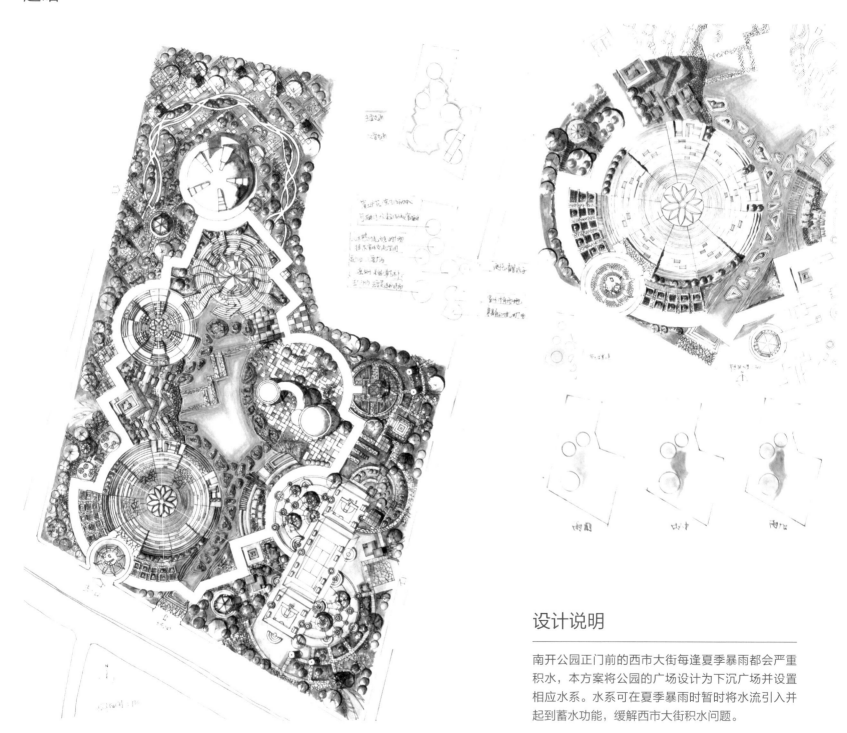

设计说明

南开公园正门前的西市大街每逢夏季暴雨都会严重积水，本方案将公园的广场设计为下沉广场并设置相应水系。水系可在夏季暴雨时暂时将水流引入并起到蓄水功能，缓解西市大街积水问题。

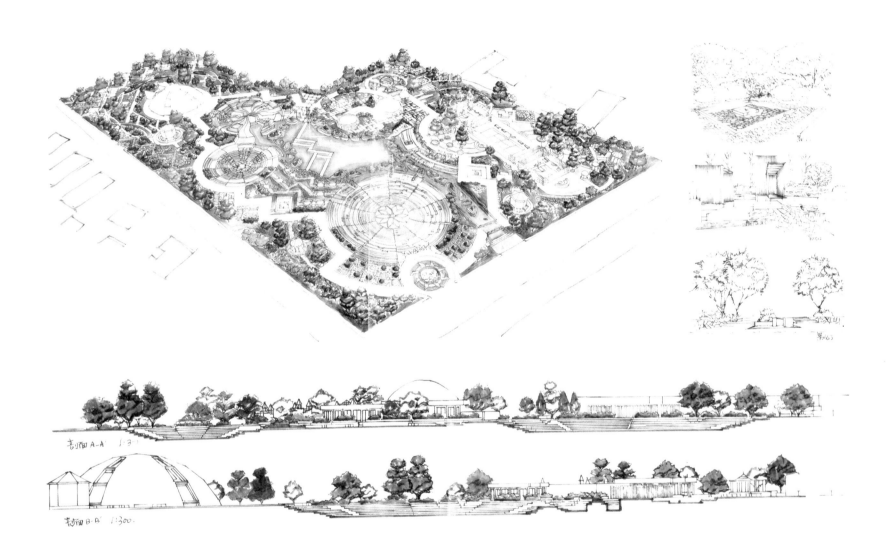

教师评语

该方案以圆形广场与建筑为设计主题，通过折线与弧线的流线设计进行串接，设计语言工整，空间形式统一，具有较强的辨识度。空间尺度层次多样，细节表达丰富。手绘风格沉稳大方，细节充实，色彩和谐，透视图立体高差表现稍有欠缺。

南开公园快题设计

蔡茜

节点放大平面图 1:200

设计说明

南开公园靠近南开中学，附近多为居民区，考虑到周围青少年活动较多，因此本设计旨在将南开公园改造成一个以青少年活动为主的公园。方案改造了原来的环形跑道，在公园中增加球场，利用曲线将公园内部分为几个不同的活动区，满足青少年运动、探险、学习、休闲等多种要求。

教师评语

方案采用环形交通系统串联整个地块，将各类为青少年活动服务的场地沿道路进行分布，并由东侧主入口引入一条轴线，至地块内水系中央的圆形广场，结构布局较清晰。方案有意识地进行了功能分区的划分，但划分分区所用的曲线步道线条显得僵硬，而且步道不应该作为划分功能分区的界限。另外，道路与地块边界的不平行导致地块周围形成很多不规则区域，难以有效利用。中央水系不够优美，几个活动场地的面积和体量都较为均质，没有突显出设计的重点。景观表现上植被分布较混乱，颜色较浅，没有衬托出铺装颜色。节点放大图的表现没有针对性。

南开公园快题设计

陈家瑶

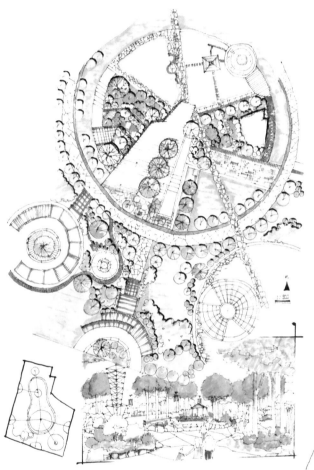

标注

1. 入口广场
2. 休闲交谈广场
3. 广场舞区
4. 中央观景台
5. 水池
6. 球场
7. 次入口广场
8. 儿童游乐区
9. 聚会广场
10. 土坡
11. 绿地
12. 观景广场

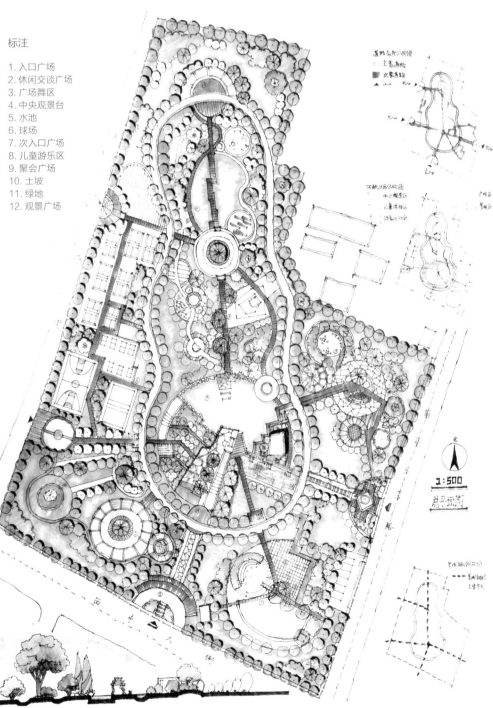

1:500

设计说明

南开公园是面向周边社区的社区公园，此设计将其定位为运动休闲公园。水结合广场、景观、建筑为居民提供一个休闲享受、舒适安逸的场所。

针对原公园设计中活动空间尺度不合理、活动空间排布不当等问题，本设计对活动区域进行了梳理，并通过空间轴线的引导和尺度的变化，使人群在游园过程中感受不同的空间序列，并满足公园游客的使用需求。

2014 级大三·城市公园快速设计案例

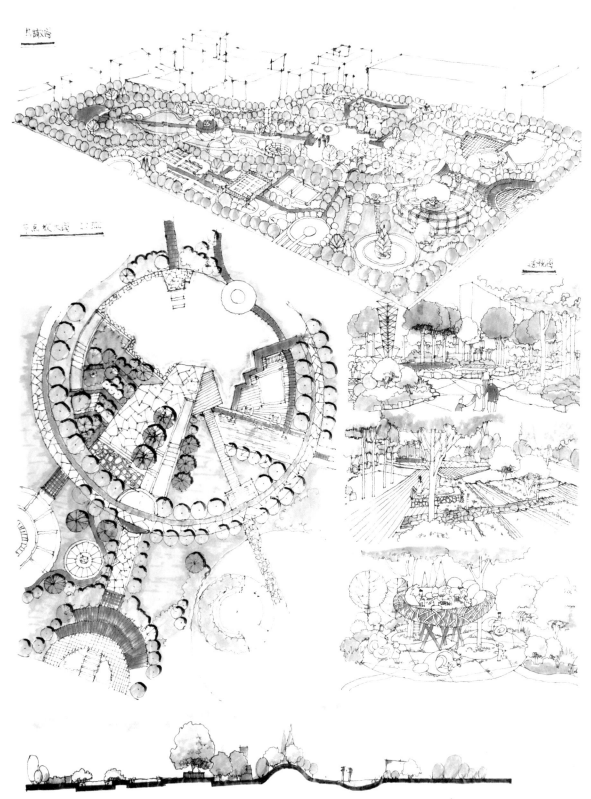

教师评语

方案打造了十字形规划结构，由一条纵向轴线贯穿南北，穿过中心节点向东西两个次要节点延伸。地块以椭圆形道路进行串联，道路与地块周边结合不太紧密，但作者对不规则地块的处理和运用为方案增色。需要注意的是应考虑车行出入口与地块内道路的明确关系，并将停车场与车行出入口更好地关联起来，并注意停车位的配比。

方案的景观设计生动活泼，形态优美。但主要轴线尺度单一，表现不够强烈。建议对轴线的尺度进行适当收放，将主要轴线强调出来，使景观结构更加鲜明。方案在植被种植和搭配上处理合理，色彩过渡柔和舒适。鸟瞰图表现比较简单，行道树过于突出，影响了整体景观效果。

南开公园设计

陈梦香

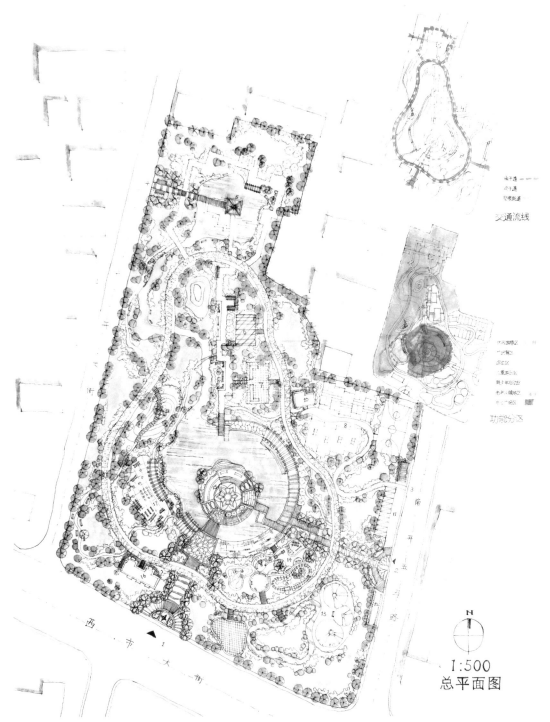

标注

1. 主入口
2. 次入口
3. 次入口
4. 次入口
5. 湖心亭
6. 广场一
7. 广场二
8. 室外球场
9. 厕所
10. 体育器材管理处
11. 机动车停车位
12. 自行车停车位
13. 滑板溜冰区
14. 儿童游乐园
15. 中心广场
16. 公园管理处
17. 老年人锻炼区
18. 登高亭

经济技术指标

规划用地面积	3.876 公顷
总建筑面积	3 349 平方米
建筑密度	8.64%
容积率	0.962
机动车停车位	10 个
自行车停车位	116 个

交通流线

功能分区

1:500
总平面图

设计说明

通过对南开公园周边人群的调查，结合居民在公园中活动倾向的现状，方案对南开公园的功能分区进行了重新规划。西北门邻近老旧居民区，所以将西北角划分为老年人休闲活动中心，公园狭长处为游憩区，公园前部分别为儿童、青少年、中老年活动区，还有全年龄的活动区等。鉴于天津冬天寒冷多风的气候，设置了室内体育馆等。

现状滑旱冰者和广场舞人群混乱，较危险，所以将两者进行功能分区，以后分开活动。

2014 级大三 · 城市公园快速设计案例

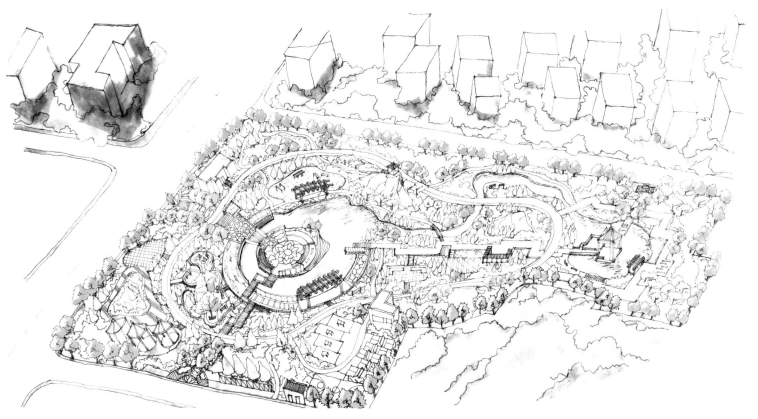

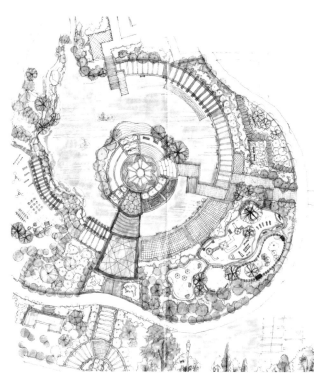

中心广场透视

休闲游憩区

教师评语

方案采用了 Y 字形规划结构，以中心水体的公共广场为中心，分别向三个出入口放射状延伸，并对主要出入口和主要景观轴线进行了空间和铺装上的强调。交通系统以梨形环路沟通三个片区，并在出入口邻近体育场馆的位置配置了停车场，应注意停车场与车行出入口和建筑的结合。方案为避寒建设了多个室内活动场馆，但有些场馆位置不合理，有些建筑过于孤立。建议将建筑与周边环境、景观、水体结合考虑，或设置建筑组团，避免单一。景观上，方案以中心节点的水体衬托出圆形广场、环形栈道和亲水平台，形态优美。轴线步道采取折线形，与车行道的曲线形成对比，南部动区与北部静区在景观布置和空间开敞度上有鲜明对比。在表现上，鸟瞰图选取的角度可以清晰地反映出方案的完整结构。平面团树颜色可加深，以丰富绿地的层次感。

快题设计

邓洪杰

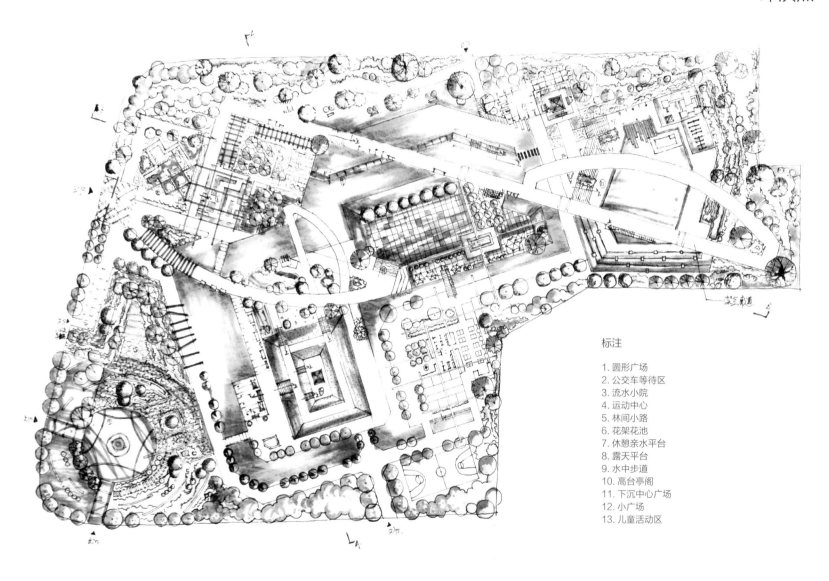

标注

1. 圆形广场
2. 公交车等待区
3. 流水小院
4. 运动中心
5. 林间小路
6. 花架花池
7. 休憩亲水平台
8. 露天平台
9. 水中步道
10. 高台亭阁
11. 下沉中心广场
12. 小广场
13. 儿童活动区

设计说明

项目选址为南开公园，方案对其进行了全面改造。南开区以前被命名为"南开洼"。因此在设计中利用高差去体现"洼地"这一概念。在设计中，将地形处理成类似环岛的形式，并将其中的下沉中心广场抬升出中心环岛，加大高度差，再在空中垫起廊桥，直接跨过中心广场，连接起休闲区与儿童区，再在街角设立圆形广场，方便来往人们休息。在靠近居民区的一侧设置运动中心，方便居民休闲健身。

2014 级大三 · 城市公园快速设计案例

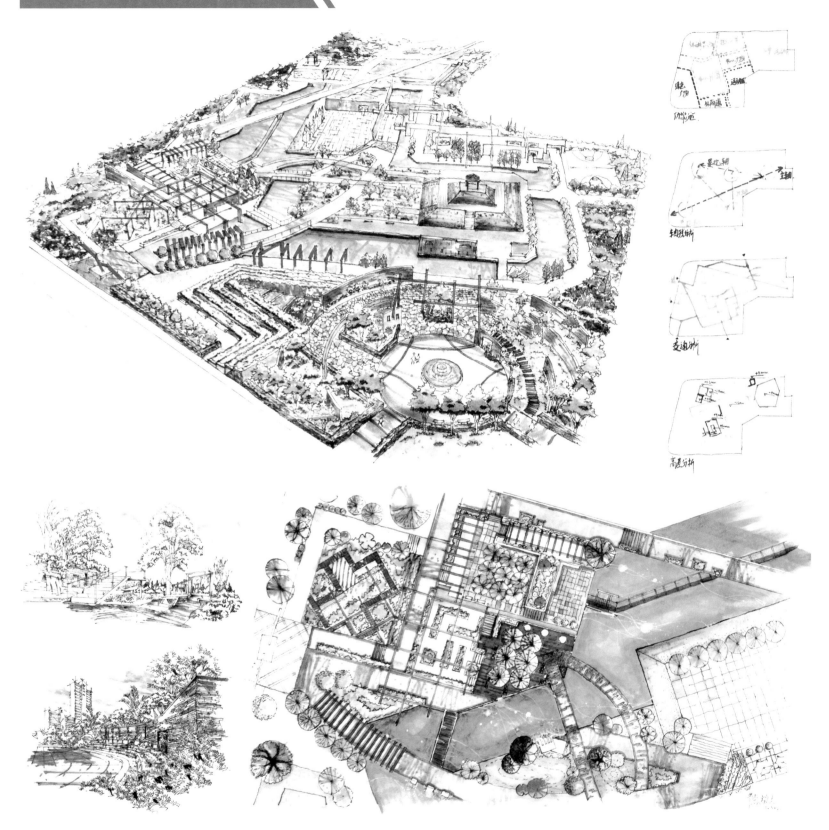

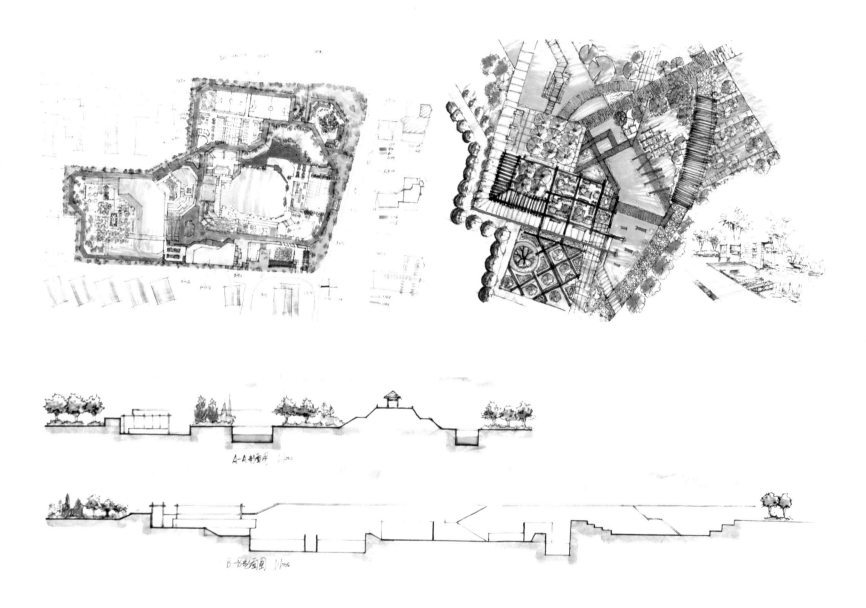

教师评语

方案大胆地运用斜线和弧线元素，支撑起整个地块南北向的结构。车行道采用折线环绕，拐角过多不利于行车和消防。中心的两个岛屿强调出主要的景观走向，但至出入口的路线不太清晰，不便于通达。地块北侧的场地运用弧线过多，缺乏与地块形状以及景观设计的紧密联系。街角广场的设置考虑到了该处行人休憩的需要，但与地块整体关系较弱。

在表现上，平面图应当刻画廊桥的阴影。鸟瞰图对于地形设计和多种景观构筑物的设计都进行了具体、详细的刻画，选取角度能够完整展现出设计的亮点以及方案构思的轴线。节点放大详图对于景观小品、铺装的样式和上色等都进行了深入的表达，用色不抢眼但美观。

南开公园快题设计

葛妙妍

总平面图 1:500

N

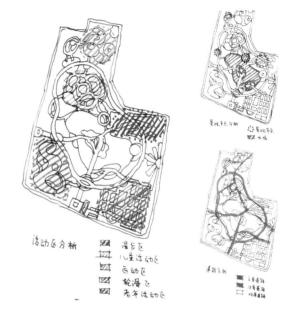

活动区分析 漫步区
       儿童活动区
       运动区
       轮滑区
       老年活动区

景观系分析 景观节点
       水面

道路分析 主要道路
      次要道路
      观景道路

设计说明

原南开公园已有 60 年历史，通过实地调研访谈得知中心大广场面积过大、周边没有遮蔽物，使用效率较低；同时周边居民对儿童活动区域的需求没有得到满足。

基于以上基本情况对南开公园进行了较大幅度的改造，保留了使用率高的环形步道；出入口重新规划设计，加强轴线感，避免游人迷失方向；尽量减少漫步系统与环形步道的重叠，减少游线冲突；重新整合原先散布在园内的运动场地；为青少年轮滑运动建立单独的运动场馆；扩大儿童活动区域面积，丰富儿童活动器材；增添运动器械，规划老年人活动区域，方便老人活动时闲聊休息；加建漫步花园，强化公园对年轻人的吸引力；新增人工湖，加强雨水蓄积能力，调节微气候；增强夜间照明；丰富绿化树种，增种海棠等观赏花树，丰富四季绿化景观。

2014 级大三·城市公园快速设计案例

教师评语

方案采取了放射形规划结构进行设计，由中心小岛将人流与主要出入口和主要节点相联系。但中心的节点规模过小，活动面积和景观面积都不足，难以承担起中心节点的定位。交通结构采用椭圆形道路实现车行交通，以 Y 字形的步行交通实现跨水系的交流。方案较多采用了不规则的形态设计建筑，使建筑带有景观性，这样的建筑形态把握较难，但作者对建筑和环境之间的关系处理较好。北侧地块考虑到了与周边小区的联系，但景观设计稍显凌乱，与方案整体联系不强。在景观表现上，方案采用不同色彩的景观树对主要节点进行烘托，突显中心节点重要性。平面建筑的阴影表达不够，植被色彩稍显单一。鸟瞰图很好地表现出了不规则建筑的立体形态设计和营造出的空间感受。节点效果图过于意象化，针对性不明确。

西柳公园改造设计

李子琦

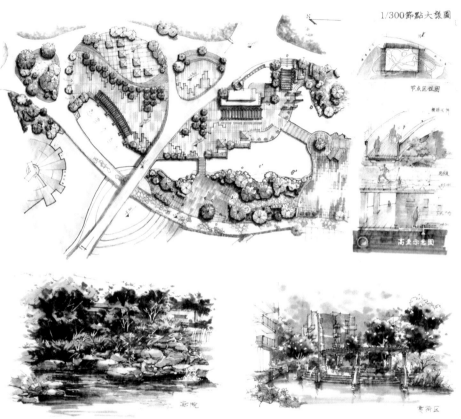

标注

1. 服务区
2. 亲水广场
3. 赏荷区
4. 服务区
5. 茶室
6. 园林庭院
7. 广场
8. 览胜亭
9. 健身广场
10. 休息区
11. 运动器械区
12. 管理处
13. 入口树阵
14. 儿童活动广场
15. 人工瀑布

设计说明

本公园位于天津市河东区，周边坐落有财经大学等高校、商业中心以及居民区。通过对场地环境、周边环境的分析，本设计以人的步行流线为着手点，由周边人群的行动轨迹来组织公园内部的流线与结构，为步行者提供街角的步行经过性空间与捷径。

由架桥而成的立体 8 字形道路结构在营造多重高差空间的同时，也满足了市民所提出的延长健身步道长度的需要，并依此串联起公园内动静有别、功能不同的各个分区。

2014 级大三 · 城市公园快速设计案例

鸟瞰图

剖面图 1-1

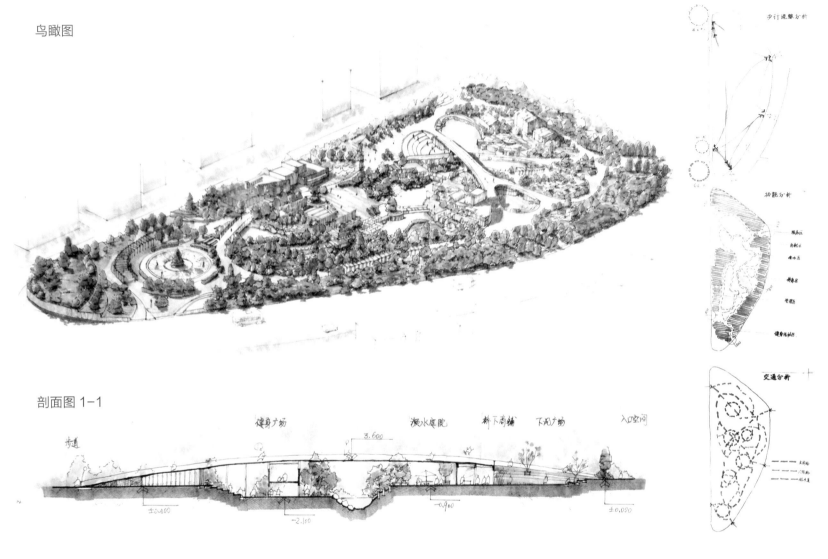

教师评语

该方案以人的行动轨迹为出发点，流线设计很好地解决了地块形状带来的限制，结构突出，功能分区有序，高差设计成为亮点。图面表达十分成熟，用色清新，笔触流畅，鸟瞰图表现效果出色。

珠江公园快题设计

李嫣

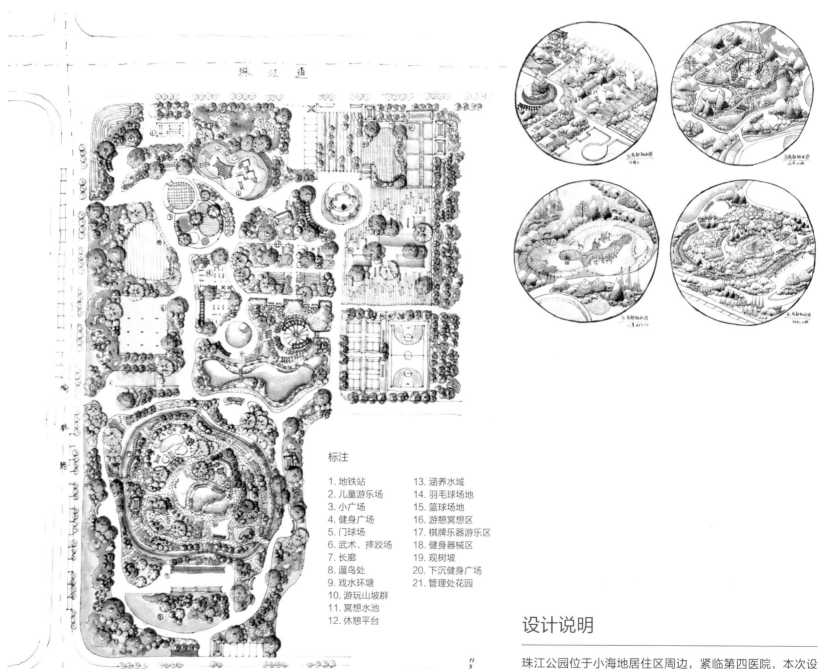

珠 江 道

标注

1. 地铁站	13. 涵养水域
2. 儿童游乐场	14. 羽毛球场地
3. 小广场	15. 篮球场地
4. 健身广场	16. 游憩冥想区
5. 门球场	17. 棋牌乐器游乐区
6. 武术、摔跤场	18. 健身器械区
7. 长廊	19. 观树坡
8. 遛鸟处	20. 下沉健身广场
9. 戏水环塘	21. 管理处花园
10. 游玩山坡群	
11. 冥想水池	
12. 休憩平台	

陵 水 道

总平面图1:500

设计说明

珠江公园位于小海地居住区周边，紧临第四医院，本次设计旨在优化珠江公园已有的功能和节点，并增加面向医院的疗养功能。

2014 级大三·城市公园快速设计案例

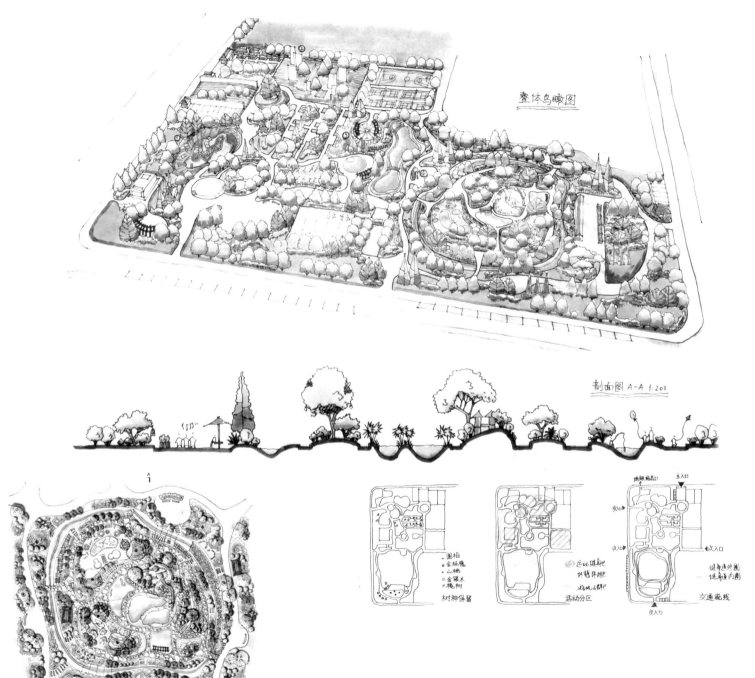

整体鸟瞰图

剖面图 A-A 1:200

树种保留

活动分区

交通流线

教师评语

规划方案有意识地与周边互动，设计立意较佳。流线与结构设计清晰合理，功能分区明确。
不足之处在于水系设计仍有提升空间，开敞空间层次可以进一步丰富。方案表现较好，
用色清新明快，鸟瞰图表现需加强。

珠江公园快题设计

刘永城

透视Ⅰ

透视Ⅱ

透视Ⅲ

标注

1. 入口广场　　8. 老人活动
2. 喷泉广场　　9. 健身运行
3. 林中步道　　10. 水体景观
4. 文化广场　　11. 观光亭
5. 下沉草地　　12. 小型广场
6. 文化活动　　13. 儿童活动
7. 滨水步道

N

总平面图 1/500

经济技术指标

基地面积　　3.52 公顷
容积率　　　0.043
建筑密度　　3%
绿化率　　　72%
停车位　　　11 个

设计说明

珠江公园位于天津市河西区，是天津市最大的社区公园。经现场调研发现，基地存在空间结构简单、空间感受单调、软硬质化处理不当等诸多问题，使其减弱了本应具有的休闲和体验性。本方案以丰富珠江公园空间结构为立足点，根据基地形状引进斜线，同时根据构景原则做了下沉草地，使空间呈现出南北一凸一凹、一静一动、一简一繁的结构特点，使游者能够体验到不同的空间感受，使公园更具体验性。

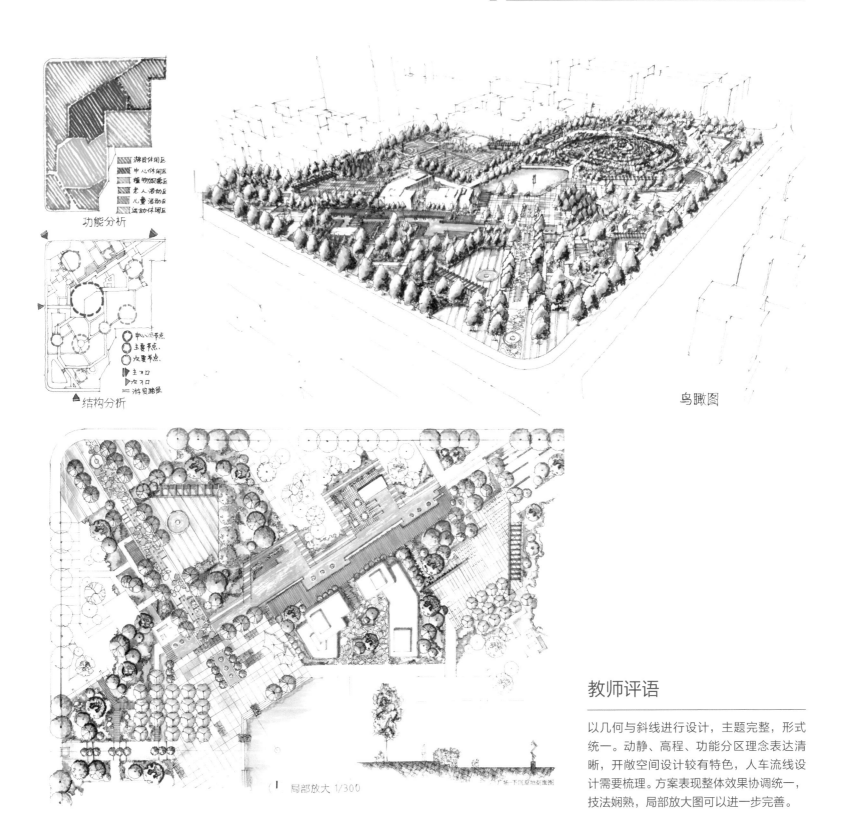

功能分析

结构分析

鸟瞰图

局部放大 1/300

教师评语

以几何与斜线进行设计，主题完整，形式统一。动静、高程、功能分区理念表达清晰，开敞空间设计较有特色，人车流线设计需要梳理。方案表现整体效果协调统一，技法娴熟，局部放大图可以进一步完善。

珠江公园快题设计

孙一文

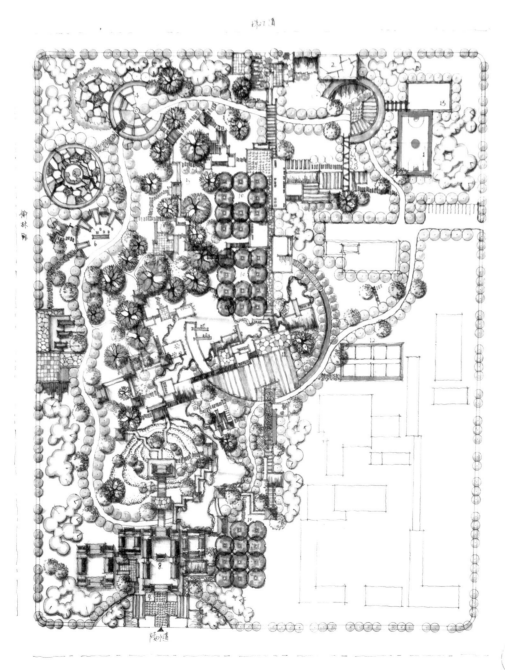

标注

1. 篮球场
2. 地铁站出入口
3. 北入口广场
4. 儿童游乐区
5. 桃花林
6. 航天主题广场
7. 西门入口广场
8. 展览纪念品区
9. 南门入口广场
10. 树阵
11. 中心广场
12. 羽毛球场地
13. 运动场地

设计说明

该方案以环绕地块的健身步道和穿过中心广场与堆山的步行栈道为主要轴线结构，以不同节点向周边延伸。西北角的浓密桃林与湖边山顶的明亮清晰形成疏密对比，天天桃林，灼灼花香，与"一览众山小"的意境相映成趣。

2014 级大三 · 城市公园快速设计案例

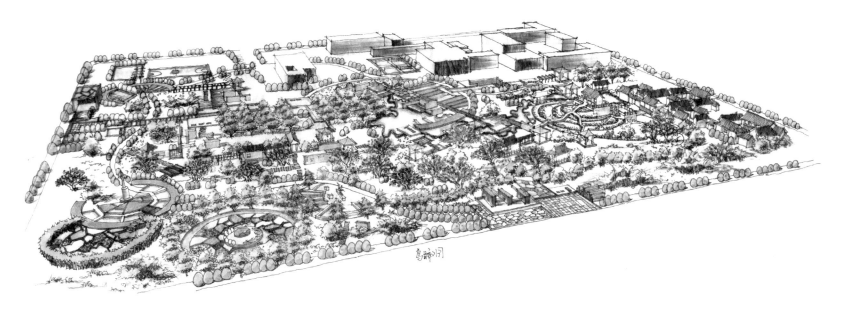

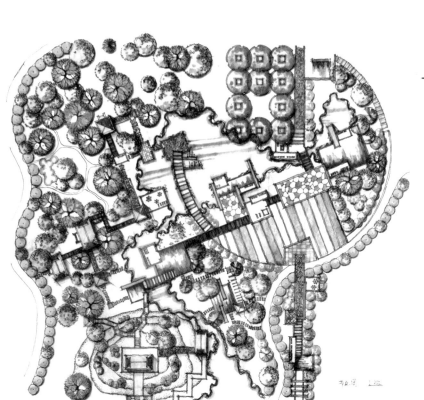

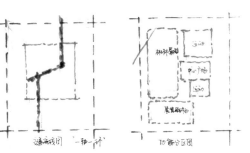

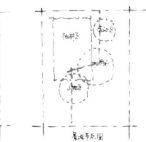

教师评语

方案以两条步道形成主要流线，结构清晰，开敞空间设计与主要轴线结合较好，功能分区明确。手绘表达用色大胆，技法娴熟。不足之处在于没有通过用色表达出空间结构的重点，植物配置略显抢眼。

南开公园改造设计

王宇彤

基地区位

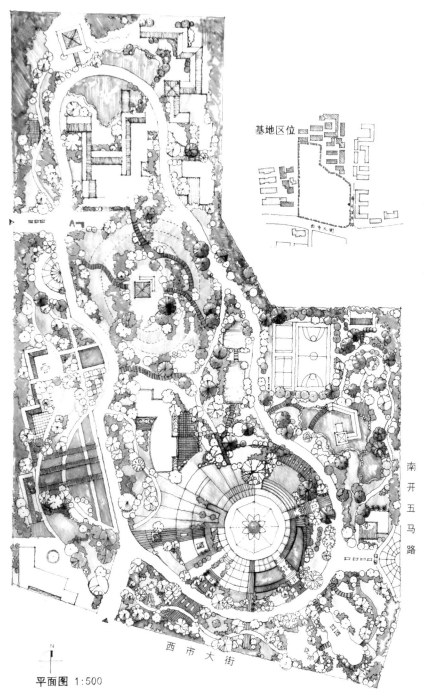

局部放大图 1 300

平面图 1:500

南开五马路

西市大街

设计说明

通过调研分析发现，南开公园存在着一系列问题，如消极空间较多没有得到利用，功能分区杂乱，游园趣味性一般等等。本方案通过以下几点策略对公园进行了改造设计，将原有较杂乱的功能区重新整合，在游园主干路线和原本的消极空间中穿插更丰富的景观内容，达到步移景异的效果。引入公园缺少的水域部分和传统园林景观，使社区公园兼有更多的生态作用和美学价值。

2014 级大三·城市公园快速设计案例

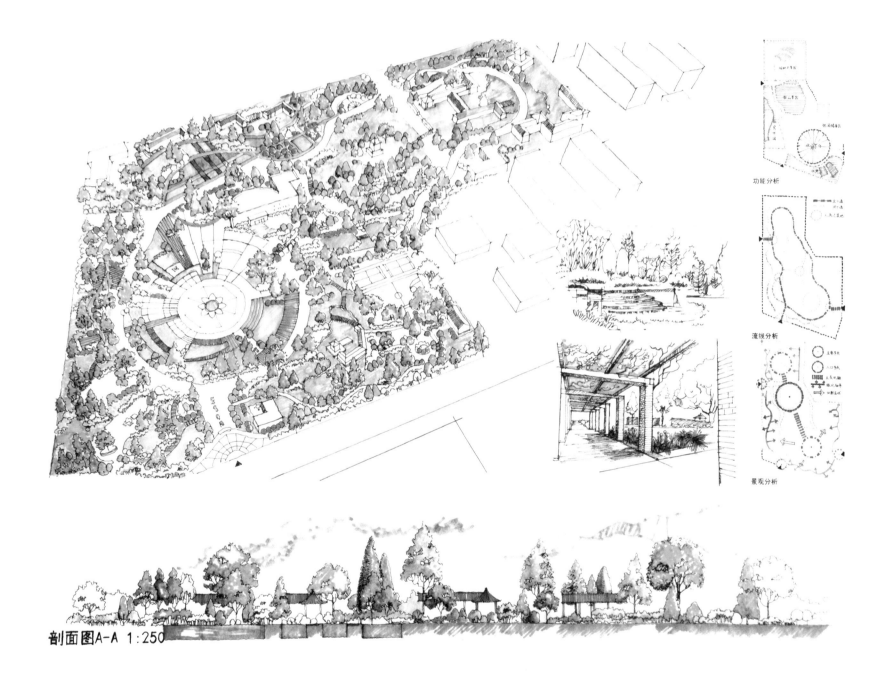

剖面图A-A　1:250

功能分析

流线分析

景观分析

教师评语

方案设计流线层级丰富，功能分区合理，开放空间与轴线保持良好的互动，空间结构清晰完整，在南北两侧创造出不同的空间氛围。手绘表达配色清新，细节丰富，表现效果较好。

天津珠江公园改造提升设计

王梓豪

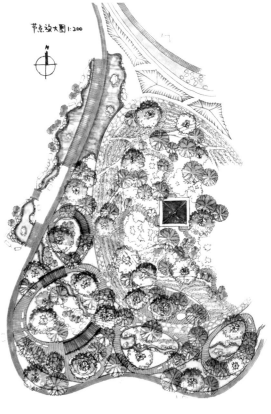

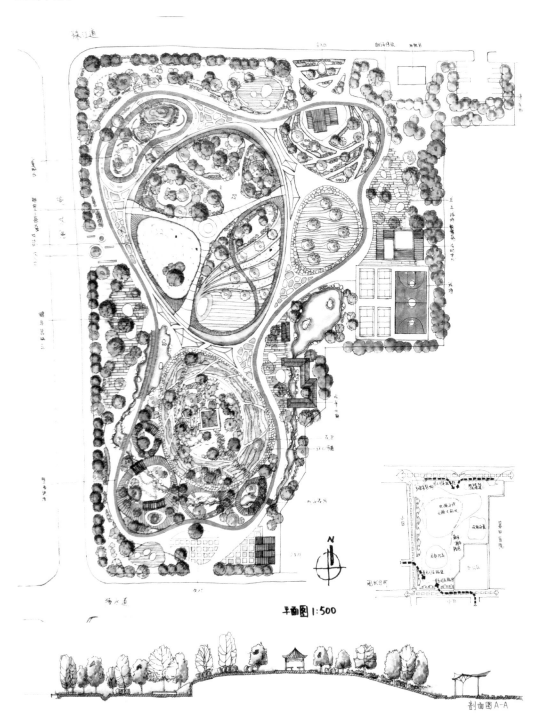

平面图1:500

剖面图A-A

设计说明

天津珠江公园是天津小海地居住区最大的社区公园，是周边市民日常休憩健身的首选。经过调研发现，珠江公园使用率很高，大量周边居民在公园进行健身操等活动，使用情况良好。美中不足的是，公园内老年人占绝对多数，年轻人很少；散步、跑步的市民需要从做操市民中穿行，移动型与原地型运动相互干扰。

所以此次改造提升，散步、跑步的流线组织串联起各个场地但不会从中间经过，尊重场地现有地形高差，引入人工、自然两种风格水景，以"卵形"作为母题形式，组织各流线、功能，给人流畅、现代、生态的感受。

2014 级大三 · 城市公园快速设计案例

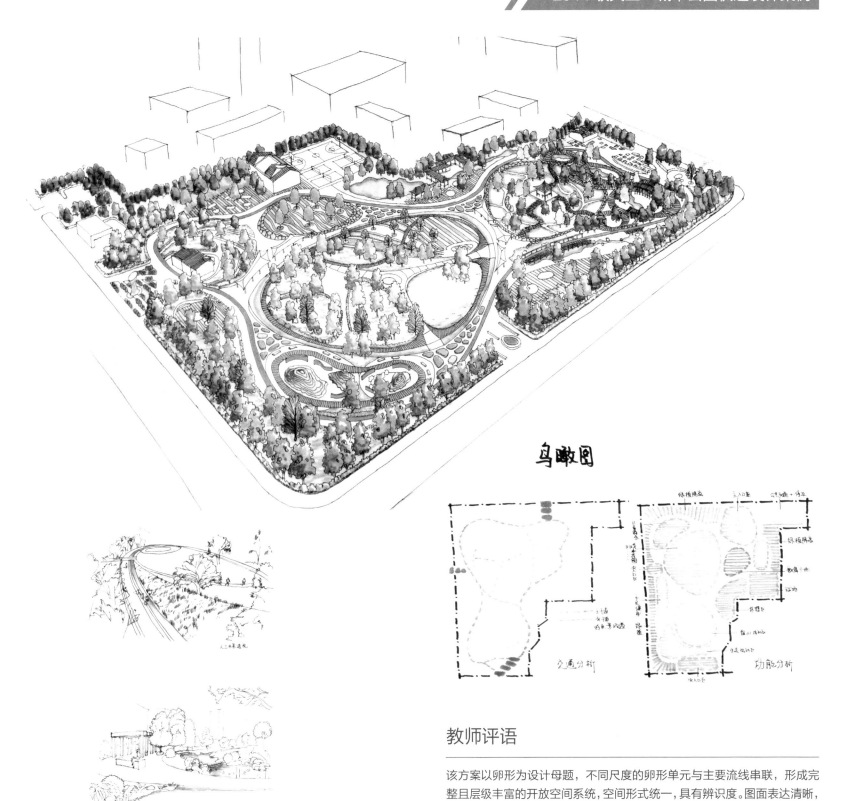

鸟瞰图

交通分析　　　　功能分析

教师评语

该方案以卵形为设计母题，不同尺度的卵形单元与主要流线串联，形成完整且层级丰富的开放空间系统，空间形式统一，具有辨识度。图面表达清晰，用色与表现技法较好，南部场地表达略显混乱。

快题设计

阎瑾

设计说明

通过对现有公园进行改造，内部建有城市广场与商业区相衔接，一定程度上疏导人流。南部为儿童广场，为幼儿园及附近居民区的儿童提供活动空间；中部部分保留原有地形，形成高低起伏变化的山水景观。

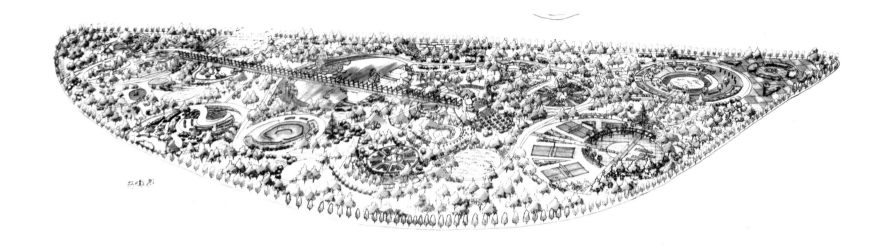

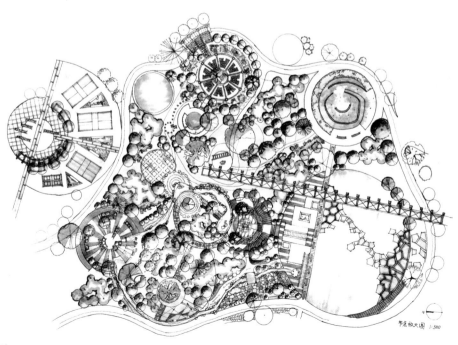

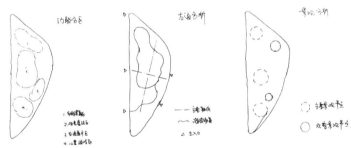

教师评语

该方案以圆形为设计母题，通过不同尺度与功能的圆形组织广场与水域，流线的串接使其形成完整且清晰的空间结构，东部交通衔接略弱。图面表达内容丰富，空间结构表达清晰，氛围传达较好。

南开公园改造设计

杨战克

总平面图
1：500

透视图 01

透视图 02

透视图 03

设计说明

南开公园位于天津市南开区，西市大街与南开五马路交会处，占地面积 3.9 公顷。调研发现基地目前存在着运动场地杂乱、功能分区不明确、景观视线单调等问题。

此次公园改造从以上几方面入手，首先明确了公园各个部分之间的分区关系，对运动健身场地做了统一的规划，使公园功能区的划分更加清晰合理。景观方面相比改造前引入一片水体，围绕水体组织其主要的景观视线，使其相互联系的同时又避免相互打扰。

2014 级大三·城市公园快速设计案例

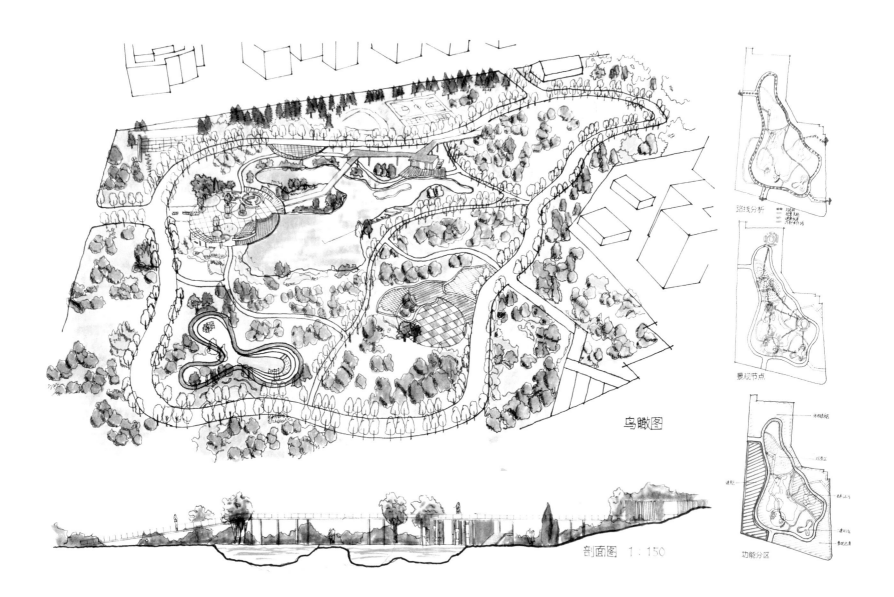

鸟瞰图

剖面图 1:150

路线分析

景观节点

功能分区

教师评语

该方案以环形流线组织空间，结构清晰，创造出动静、主次明确的功能分区，水体的加入使得空间层次更加丰富。方案表达色彩清新，细节较为丰富。透视图表现简单，完成度较差。

河西养生主题公园

于传孟

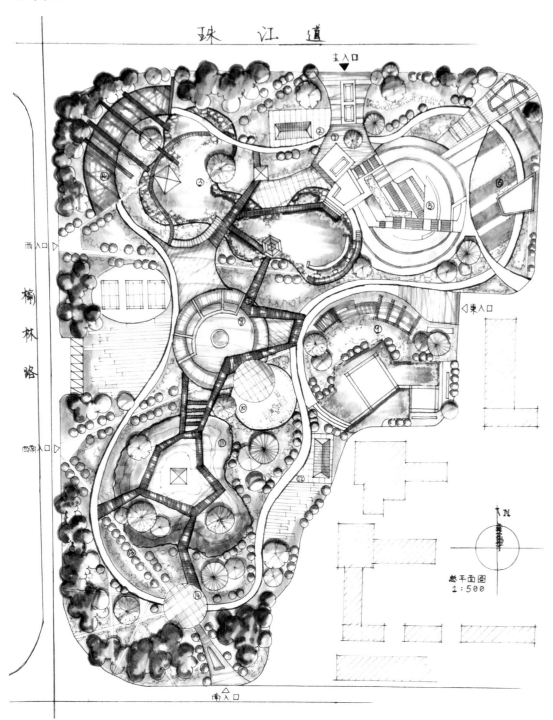

珠 江 道

主入口

西入口▷

榆
林
路

◁东入口

西南入口▷

南入口

总平面图
1:500

N

标注

1. 主入口广场
2. 公共卫生间一
3. 养生水域（水区）
4. 木质亲水平台
5. 休憩台阶（木区）
6. 咖啡花田
7. 木质廊道
8. 健身区域（土区）
9. 冥想草地（火区）
10. 儿童游乐沙坑
11. 净肺假山（金区）
12. 公共卫生间二
13. 林间小路
14. 次入口广场

经济技术指标

总用地面积	4 公顷
总建筑面积	6 500 平方米
建筑密度	12%
容积率	0.02
绿地率	89.7%
绿化覆盖率	93%
停车位	7 个

设计说明

该设计将原天津市河西区珠江公园改造成为一处"养生"主题公园。以中医理论的"金、木、水、火、土"为原型创造五个不同风格的区域，并用木质生态廊道将其串联，方便游客游览。针对附近社区老龄化严重的现象设置养生水域、净肺假山等生态养生区域，供老年人休憩。

2014 级大三 · 城市公园快速设计案例

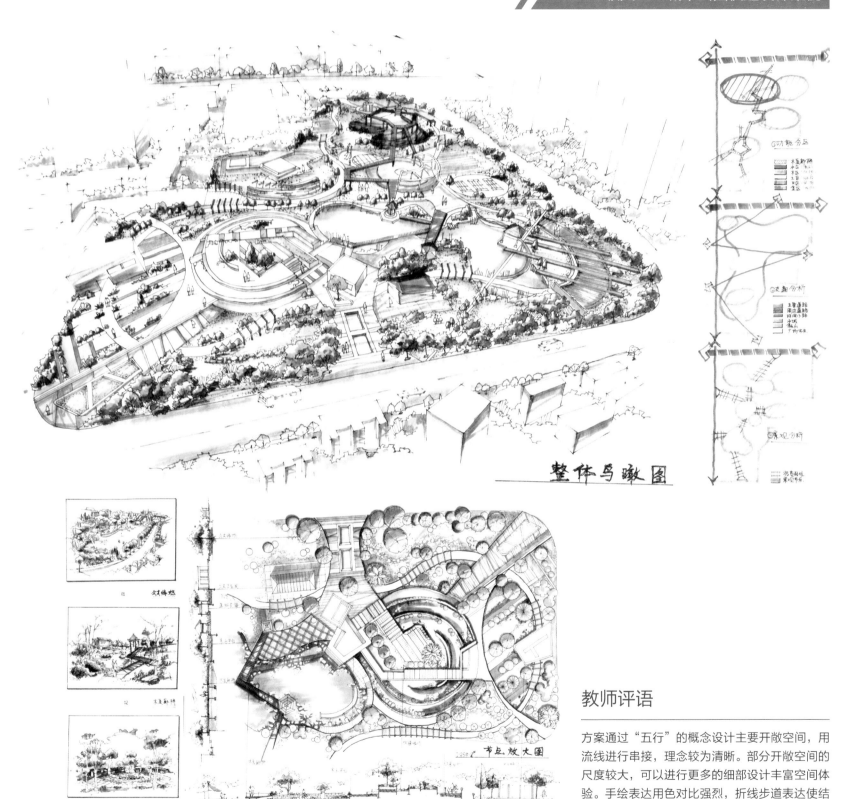

整体鸟瞰图

①功能分区

②交通分析

③景观分析

01　全景鸟瞰

02　木屋鸟瞰

节点放大图

教师评语

方案通过"五行"的概念设计主要开敞空间，用流线进行串接，理念较为清晰。部分开敞空间的尺度较大，可以进行更多的细部设计丰富空间体验。手绘表达用色对比强烈，折线步道表达使结构略显复杂，透视图氛围表现较好。

天津南开公园改造提升设计

赵阳

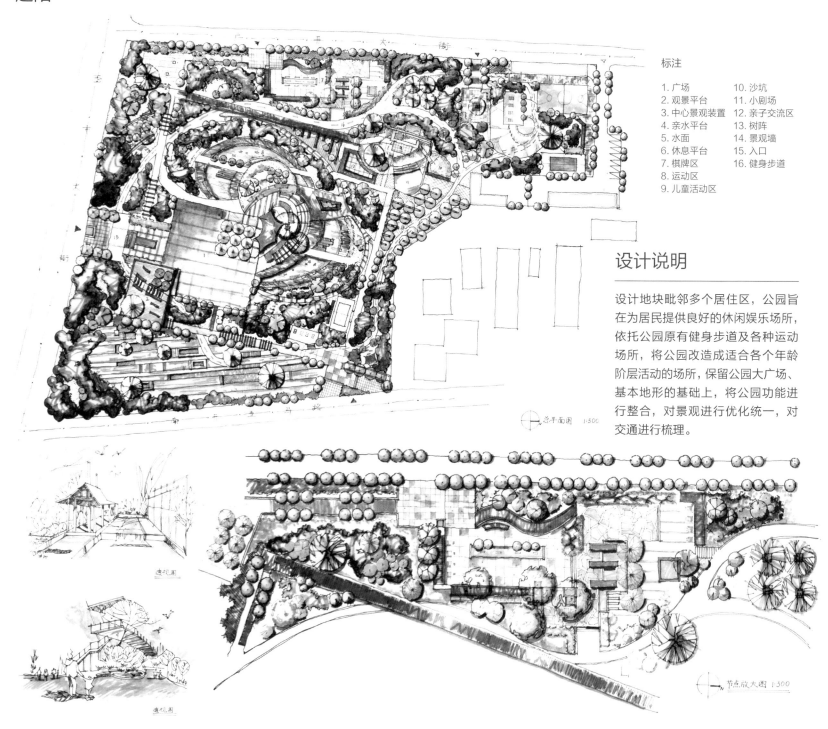

标注

1. 广场
2. 观景平台
3. 中心景观装置
4. 亲水平台
5. 水面
6. 休息平台
7. 棋牌区
8. 运动区
9. 儿童活动区
10. 沙坑
11. 小剧场
12. 亲子交流区
13. 树阵
14. 景观墙
15. 入口
16. 健身步道

设计说明

设计地块毗邻多个居住区，公园旨在为居民提供良好的休闲娱乐场所，依托公园原有健身步道及各种运动场所，将公园改造成适合各个年龄阶层活动的场所，保留公园大广场、基本地形的基础上，将公园功能进行整合，对景观进行优化统一，对交通进行梳理。

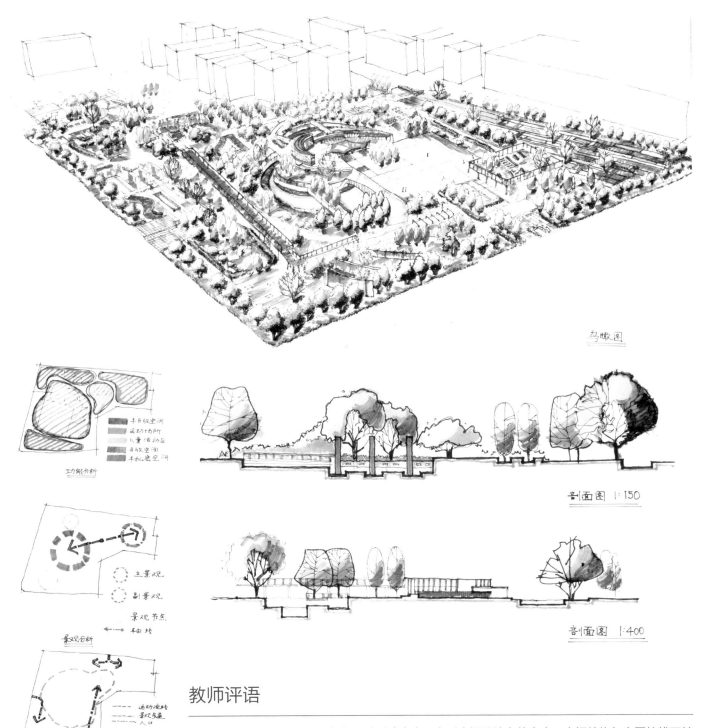

鸟瞰图

开放空间
运动场所
儿童活动区
开放空间
半私密空间

功能分析

剖面图 1:150

主景观
副景观
景观节点
轴线
车行线

景观分析

剖面图 1:400

运动流线
景观流线
入口

交通分析

教师评语

该方案开敞空间层次分明，细部设计形式丰富，方形广场设计有待充实，空间结构与主要轴线不够明显。方案表达清晰，细节设计手法多样，表达形式各具特色，表现效果较好。

天津市南开公园改造设计

周大伟

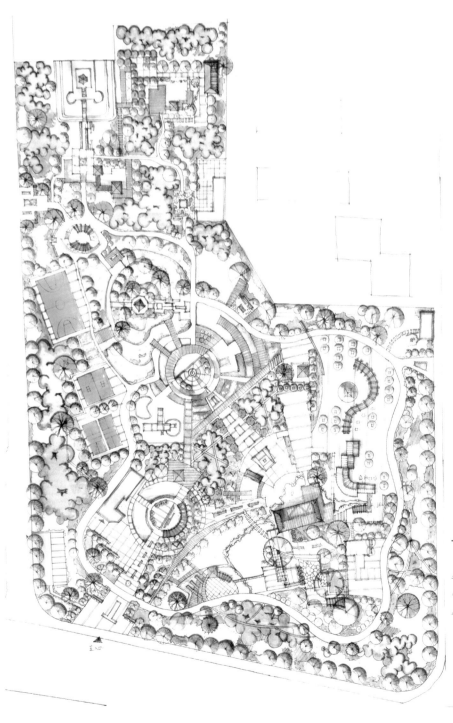

设计说明

在互联网时代，越来越多的青少年开始足不出户。南开公园紧邻南开中学，这次改造协调了青少年和老年人对公园功能的需求，增加了更多的运动空间和更加私密的空间。

在老龄化大背景下，公园的使用人群自然是以老年人为主，但该公园邻近南开中学，希望有更多青年，或以回访母校、或以同学聚会为目的来此公园游乐，进而减少当今社会越来越多的手机宅男宅女比例。故在满足老年人生理与心理对空间的需求后，同时也为年轻人设计了一些或静或动的公园使用空间。

2014 级大三·城市公园快速设计案例

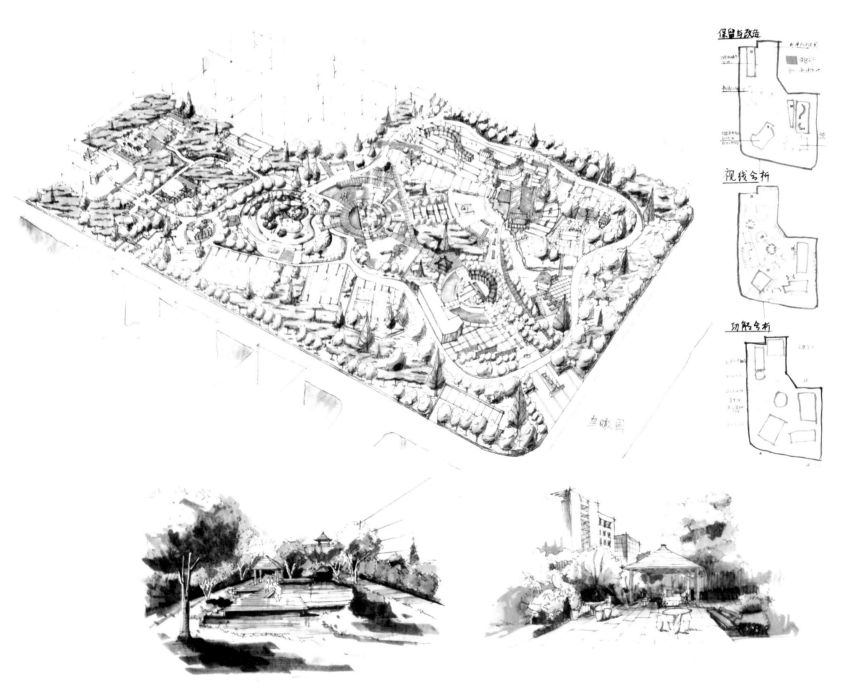

保留与改造

视线分析

功能分析

鸟瞰图

教师评语

设计方案结构清晰，开敞空间通过主要轴线与交通流线进行组织，功能划分明确合理。开敞空间的细节设计较为深入，图面表现内容丰富，用色清新淡雅，重色稍有欠缺，透视图表达准确，空间特色表达充分。

后记　POSTSCRIPT

本书的编写工作是在建筑学院、城乡规划系有关领导的统筹安排下，由陈天教授、侯鑫副教授主持，学生作品先由规划系老师推荐，而后再由编委会老师进行综合遴选。编委会的成员包括三年级指导教师陈天、闫凤英、侯鑫、曾鹏、蹇庆鸣、左进、张赫、王峤等，四年级指导教师卜雪旸、许熙巍、张晓宇、何邕健、李津莉、龚清宇等。部分博士研究生和硕士研究生参加了本书资料的整理工作，主要有贾梦圆、李磊、侯玉柱、石川淼、张嫱、陈天宇等，在此一并致谢。

由于本书是学生课程作业成果的展示，即主要是规划设计成果的手绘表现，大量前期构思和中期推敲的手绘图不能记录在册，同时还有相当数量的设计作业因篇幅所限不能入选本书，略有遗憾，特此说明。如序所述，规划设计的手绘表现形式不一、表达重点不同，主要包括概念草图、方案草图、子系统分析草图、局部推敲草图及成果表现手绘图等几个阶段，学生只有通过全过程的大量练习才能掌握手绘设计的技能。本书适合城乡规划及相关专业的学生及专业人士作为参考书。

城乡规划系

2017 年 8 月 19 日于天津大学

图书在版编目（CIP）数据

天津大学建筑学院城乡规划快速设计作品选 / 天津
大学城乡规划系编写组编著 . 一天津：天津大学出版社，
2017.10
　（天津大学建筑教育八十华诞系列丛书 . 城乡规划系）
　ISBN 978-7-5618-5982-7

Ⅰ . ①天… Ⅱ . ①天… Ⅲ . ①城市规划 – 建筑设计 –
作品集 – 中国 – 现代 Ⅳ . ① TU984.2

中国版本图书馆 CIP 数据核字 (2017) 第 249497 号

图书策划　　杨云婧
文字编辑　　李　轲
美术设计　　高婧祎
图文制作　　天津天大乙未文化传播有限公司
编辑邮箱　　yiweiculture@126.com
编辑热线　　188-1256-3303

出版发行　　天津大学出版社
地　　址　　天津市卫津路 92 号天津大学内（邮编：300072）
电　　话　　发行部 022-27403647
网　　址　　publish.tju.edu.cn
印　　刷　　廊坊市瑞德印刷有限公司
经　　销　　全国各地新华书店
开　　本　　260mm×260mm
印　　张　　16
字　　数　　143 千
版　　次　　2017 年 10 月第 1 版
印　　次　　2017 年 10 月第 1 次
定　　价　　78.00 元